이해하기 쉬운
NCS 기반 | 전신
피부 관리

| 권혜영 · 하문선 지음 |

BM 성안당
www.cyber.co.kr

도서 A/S 안내

당사에서 발행하는 모든 도서는 독자와 저자 그리고 출판사가 삼위일체가 되어 보다 좋은 책을 만들어 나갑니다.

독자 여러분들의 건설적 충고와 혹시 발견되는 오탈자 또는 편집, 디자인 및 인쇄, 제본 등에 대하여 좋은 의견을 주시면 저자와 협의하여 신속히 수정 보완하여 내용 좋은 책이 되도록 최선을 다하겠습니다.

구입 후 14일 이내에 발견된 부록 등의 파손은 무상 교환해 드립니다.

저자 : khyohui@hanmail.net(권혜영), sunnyhaa@hanmail.net(하문선)

본서 기획자 : coh@cyber.co.kr(최옥현)

홈페이지 : http://www.cyber.co.kr

전화 : 031)950-6300

preface

현장에서 꼭 필요한 팔·다리 관련 분야 전문 인력 양성을 위해

현대인들의 생활수준이 높아지고 평균수명이 길어짐에 따라 자연스럽게 아름다움에 대한 관심이 높아지게 되었습니다. 특히, 아름다운 외모의 중요한 부분을 차지하는 피부를 관리하는 것에 대한 관심과 관련 분야의 수요가 급증하고 있는 상황입니다.

하지만 현재 피부미용 관련 분야의 인재 양성을 위한 교육을 진행할 수 있는 체계적인 교재가 턱없이 부족하여 개발이 시급한 상황에서 피부미용 분야의 발전 및 관련 교육에 힘쓰고자 체계적인 국가직무능력표준(National Competency Standards)을 기반으로 보다 이해하기 쉽도록 집필하였습니다. 또한 내용 구성은 피부미용 전공 교수들로 구성된 저자들의 다년간의 강의와 현장 실무 노하우를 바탕으로 이해하기 쉬운 핵심 이론과 쉽고 정확하게 익힐 수 있는 실습 이미지들로 구성하였습니다.

특히, 전신 관리 분야 중 팔·다리 관련 이론과 실무 매뉴얼 테크닉 중심의 내용으로 산업현장에서 필요로 하는 전문 인력을 양성하는 데 초점을 맞추었습니다. 능력 단위별 각각의 요소들을 세부적으로 다루었으며, 능력 단위 요소에 따른 수행 준거, 지식, 기술, 태도, 평가 지침 등을 자세히 수록하였고, 전문 피부미용인이 갖추어야 하는 기본적인 자세와 태도 등도 함께 수록하였습니다.

이 책을 통하여 피부미용 관련 많은 학습자들이 쉽게 실무 테크닉을 이해하고 실습함으로써 현장 실무 접근성을 높이길 희망하며, 피부미용 전문가를 꿈꾸는 모든 분들의 목표 달성에 조금이나마 도움이 되기를 바라는 마음입니다. 또한 이 책이 배우고자 하시는 분들과 가르치시는 분들 모두에게 많은 사랑을 받기를 희망합니다.

책이 나오기 전까지 높은 완성도와 만족도를 높일 수 있는 교재로 만들기 위해 거듭되는 수정·보완 작업을 진행하였습니다만 여기에 그치지 않고 앞으로도 계속하여 피부 관리 실습에 대한 진보된 내용으로 수정해나갈 것을 약속드립니다.

이 책이 출판되기까지 많은 도움을 주신 분들과 제자들에게 감사의 마음을 전합니다. 끝으로 아낌없는 지원과 도움을 주신 도서출판 성안당 관계자 분들께도 감사의 인사를 드립니다.

저자 권혜영·하문선 드림

이해하기 쉬운
NCS 기반
전신 피부 관리

:01

전신 피부 관리 이론

:02

전신 피부 관리 실습

:03

전신 피부 관리 부록

이해하기 쉬운
NCS 기반
전신 피부 관리

전신 피부 관리 이론

:01

chapter 01

매뉴얼 테크닉의 개요

1. 매뉴얼 테크닉의 정의

매뉴얼 테크닉은 신체의 피부와 근육조직에 밀착, 시간, 속도, 리듬, 세기 등을 고려하여 손을 사용하여 다양한 동작을 행하는 것을 말한다. 혈액순환과 림프순환이 잘 되도록 하고, 신진대사를 원활하게 해줌으로써 체내 노폐물 배출 및 피부의 노화를 지연시키는 등 신체 건강에 많은 도움이 되는 행위이다.

2. 매뉴얼 테크닉의 효과

피부는 재생 작용, 보호 작용, 체온조절 작용, 감각 작용, 배설·분비 작용, 비타민 D 작용 합성 등 많은 기능이 있는데, 매뉴얼 테크닉을 하면 다양한 기능의 상승효과를 가져올 수 있다.
① 심리적, 정서적 안정감을 갖게 하고, 피로 회복에 도움을 준다.
② 림프순환 및 혈액순환을 촉진시켜 피부색을 좋게 한다.
③ 피부의 온도를 높여주고, 면역력에 도움을 준다.
④ 모공을 열어주고, 피지분비를 촉진시킨다.
⑤ 내분비 기능이 조절되고, 결체조직(결합조직)에 긴장과 탄력성을 준다.
⑥ 피부의 신진대사를 촉진하여 한선과 피지선의 기능을 활성화한다.
⑦ 노폐물을 배출시키고, 노화된 각질을 제거해줌으로써 피부가 맑아지는 데 도움을 준다.
⑧ 화장품의 경피흡수를 돕는다.

3 매뉴얼 테크닉의 구성 요소

(1) 방향

① 아래에서 위로, 안에서 밖으로 근육의 결을 따라 관리한다.

② 림프순환이나 정맥순환을 기초로 하는 구심성(심장을 향하는) 방향으로 근육의 결을 고려해서 관리한다.

(2) 리듬과 속도

① 고객의 긴장을 완화시켜, 편안하고 안정감 있는 관리를 받는 것이 중요하므로 리듬감을 살린 적당한 빠르기의 속도를 유지하도록 한다.

② 손바닥의 밀착력을 높여서 부드럽게 관리한다.

③ '처음에는 부드럽고 약하면서 천천히 → 점점 강해지면서 처음보다는 리듬감을 살려서 약간 빠르게 → 다시 부드럽고 약하면서 천천히'의 순으로 진행한다.

④ 전체적으로 고객이 긴장하지 않고, 편안함을 느낄 수 있도록 관리를 진행한다.

(3) 압력

① 고객의 개인적인 차이에 따라서 압력의 정도를 적절하게 조절하도록 한다.

② 압력이 너무 강한 경우에는 피부에 자극을 주어 모세혈관이나 림프관조직이 손상될 수 있으므로 주의해야 한다.

③ 압력이 너무 약할 경우에는 매뉴얼 테크닉의 효과가 떨어지므로 적절하게 힘을 분배하여 세기를 조절한다.

(4) 시간

① 안면(얼굴) 관리는 10~20분, 전신 관리는 50~60분 정도 진행한다.

② 피부의 유형과 상태에 따라서 적절하게 조절한다.

(5) 자세

① 관리하는 동안 관리사가 자세를 바르게 유지하는 것은 고객에게 유익한 관리를 제공하는 것은 물론 관리사 개인 건강에도 매우 중요하게 작용하므로 항상 바른 자세를 유지하도록 노력한다.

② 척추를 바르게 세우고, 체중을 오른발, 왼발 번갈아서 균일하게 실리도록 한다.

③ 효과를 높이기 위해서 손목의 힘만을 사용하는 것이 아닌 관리사의 체중을 실어서 관리한다.

④ 양팔과 상체는 자연스럽고 자유롭게 움직이면서 관리하는 것이 중요하다.

4 매뉴얼 테크닉의 기본 동작

(1) 쓰다듬기(경찰법, Effleurage)

① 손바닥 전체를 이용해서 매뉴얼 테크닉을 실시할 때 처음 시작과 끝 마무리에 사용되는 동작이다.

② 손바닥의 밀착력으로 부드럽게 관리하는 동작이니만큼 심리적인 안정과 긴장 완화에 도움을 준다.

(2) 문지르기 · 마찰하기(강찰법, Friction)

① 엄지 또는 나머지 네 개의 손가락 면을 이용하여 나선형으로 문지르는 동작으로 쓰다듬기 동작보다 압이 강하다.

② 혈액순환 및 피지선을 자극해 피지 분비를 촉진시켜주며 피부의 윤기와 탄력에 도움을 준다.

(3) 떨어주기(진동법, Vibration)

① 손가락이나 손바닥을 이용해서 피부와 근육에 리듬감을 살려 빠르게 진동을 주거나 흔들어 떨어주는 동작이다.

② 주로 자극이 강한 동작 이후에 고객에게 심리적으로 안정감을 주기 위해 실시한다.

③ 좁은 부위에서는 한손씩 번갈아 가면서 사용하고, 넓은 부위에서는 양손으로 동시에 사용하기도 한다.

④ 경우에 따라서 한손은 위쪽 방향으로 진동을 해주고, 다른 한손은 아래 방향이나 다른 방향으로 진동을 주기도 한다.

⑤ 근육을 이완시키는 데 효과가 있는 동작이다.

(4) 반죽하기 · 주무르기(유찰법, Petrissage)

① 엄지와 나머지 네 손가락을 이용해서 피부와 근육을 잡았다가 놓는 동작이다.

② 반죽을 하듯이 비틀기, 압착하고 주무르기 등 다양한 방법이 있다.

③ 혈관을 확장하고 피하조직의 노폐물 배출을 용이하게 해주며, 피하조직과 결체조직을 강화시킴과 동시에 붓기 해소와 근육통을 완화시켜 주는 동작이다.

(5) 두드리기(경타 · 고타법, Tapotement)

① 손가락 끝, 손가락 전체, 손바닥, 손날, 주먹을 이용하여 리듬감을 살려 두드려주는 동작으로 마사지 부위에 따라 세기를 다르게 해서 관리해야 한다.

② 경직된 근육을 이완시켜주고, 지방이 과하게 축적되는 것을 예방하며 혈액순환을 촉진시켜 탄력 있고 건강한 피부에 도움을 주는 동작이다.

5 매뉴얼 테크닉 실행을 피해야 하는 경우

① 심장 관련 질환이나 고혈압 증상이 심각한 경우

② 정맥류, 혈우병, 부종 등 혈액순환에 관한 심각한 질병이 있는 경우

③ 골다공증이 매우 심한 경우

④ 37.5℃ 이상의 고열이 나는 경우

⑤ 일광욕 후 피부의 심한 수포나 홍반이 생긴 경우

⑥ 심한 피부염증이나 화농성 여드름이 있는 경우

⑦ 감염성이 있는 피부질환자나 각종 알레르기 환자인 경우

⑧ 임신 말기의 임산부나 출산 직후인 경우

⑨ 생리 전·후 피부가 트러블을 일으키기 쉬운 매우 민감한 상태인 경우

chapter 02

피부 관리실의 환경

대타월
소타월
헤어밴드

관리사 소타월

http://www.beautymade.com

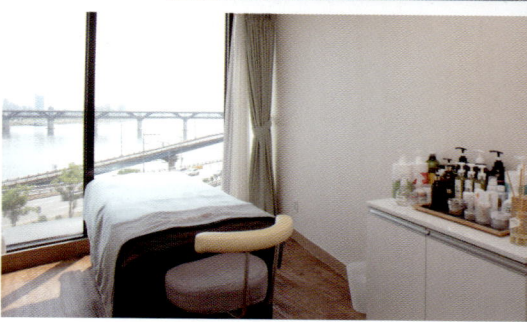

1 이상적인 피부 관리실의 조건

① 피부 관리실은 전체적으로 청결하고 위생적이어야
   한다.

② 잘 보이는 곳에 면허증, 자격증, 허가증 등이 게시되
   어 있어야 한다.

③ 전신 관리에 필요한 기기 및 장비를 갖추어야 한다.

④ 조명이 적절한 밝기를 유지해야 한다.

⑤ 타월 및 도구는 사용한 것과 사용 전 제품을 구분해서
   위생적으로 보관해야 한다.

⑥ 고객 선호도에 따라서 접대할 수 있는 다양한 차 종류
   가 구비되어 있어야 한다.

⑦ 환기 시설과 방음처리가 잘 되어 있어야 한다.

⑧ 바닥이나 화장실 바닥이 미끄럽지 않아야 한다.

⑨ 화장품은 종류별로 부족함 없이 잘 구비되어 있어야
   한다.

http://www.beautymade.com

2⁺ 전신 관리를 위한 준비사항

① 전신 관리용 침대와 타월(크기에 따라 대, 중, 소), 목
  베개 등을 준비한다.

② 전신 관리에 필요한 웨건 등의 재료 구비 상태를 체크
  한다.

③ 긴장감을 이완시키고, 안정감을 줄 수 있도록 조용한
  음악과 함께 아로마향을 피운다.

④ 편안함을 느낄 수 있도록 관리실의 조명을 조절해서 아
  늑한 분위기를 만든다.

⑤ 관리 시작 전, 전신 관리에 대한 이론을 숙지하고 효과
  적인 실전 과정을 숙지하여 고객이 궁금해하는 사항에
  대해 바로 답하고 실행할 수 있도록 한다.

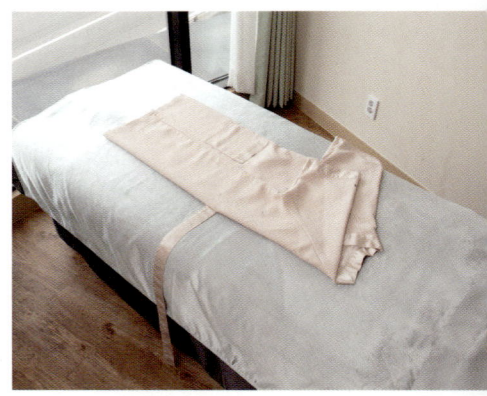

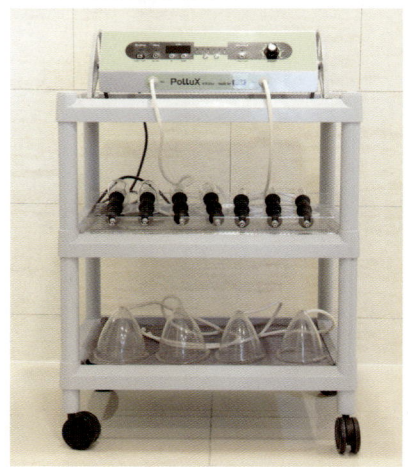

http://www.beautymade.com

3⁺ 전신 관리용 화장품

(1) 클렌저(Cleanser)

① 목적 : 피부 표면에 피지, 노화 각질과 같은 노폐물을 제거하고, 딥 클렌징, 매뉴얼 테크닉의 효과
  를 높이기 위함이다.

② 방법 : 클렌저를 필요한 양만큼 덜어 가볍게 문질러서 클렌징한 다음 티슈, 해면, 온습포 등으로
  잘 닦아준다.

③ 종류 : 클렌징 워터, 클렌징 폼, 클렌징 로션, 클렌징 오일

(2) 딥 클렌저(Deep cleanser)

① 목적 : 모공 속 노폐물 및 피부 표면에 피지와 노화 각질을 제거하고, 매뉴얼 테크닉의 효과를 높
  이기 위함이다.

② 방법 : 스크럽은 점도에 따라서 물을 묻히거나 그냥 사용할 경우에는 가볍게 문지른 후 해면이나 온습포로 깨끗하게 닦아준다.

③ 종류 : 바디 스크럽, 바디용 효소, 바디용 AHA, 바디용 고마쥐

(3) 바디 토너(Body toner)

① 목적 : 클렌징 후 정상 피부(pH 4.5~5.5)의 pH 유지와 2차 세안 목적 및 청량감을 유지하기 위해서이다.

② 방법 : 클렌징 후 토너를 화장솜에 적당량 묻혀 피부결 방향으로 가볍게 닦아준다. 피부 관리 마무리 단계에서는 가볍게 두드려 흡수시킨다.

③ 종류 : 바디용 수렴 화장수, 바디용 유연 화장수

(4) 마사지 오일(Massage oil)

① 목적 : 전신 매뉴얼 테크닉을 실시할 때 다양한 테크닉의 효과를 높이기 위한 목적이다.

② 방법 : 매뉴얼 테크닉의 효과를 높일 수 있는 필요량만큼 오일을 도포한 뒤 부드럽게 매뉴얼 테크닉을 실시한다.

③ 종류 : 식물성 오일, 아로마 블랜딩 오일

(5) 팩 · 마스크(Pack · Mask)

① 크림 타입의 팩 : 다양한 성분이 함유된 크림팩을 피부 타입과 사용 목적에 따라서 바디용 팩붓으로 적당량을 바르고, 일정 시간이 경과 한 후 해면이나 온습포를 이용하여 닦는다.

② 콜라겐 마스크 : 콜라겐 성분을 동결건조시켜 만든 시트 타입의 마스크로 짧은 시간에 고보습 효과를 주어 촉촉함을 오랫동안 유지시켜 주는 특징이 있으며, 특히 건조한 피부에 효과적이다.

③ 석고 마스크 : 석고 베이스를 충분히 바른 뒤 석고 분말을 물에 개어서 젖은 거즈를 올리고 피부에 두껍게 도포하면 건조되면서 따뜻해진다. 피부 표면의 온도가 올라가면서 혈액순환이 더욱 원활해지도록 한다. 피지 분비 및 유효 성분 흡수를 목적으로 석고 베이스 전에 앰플과 함께 사용하기도 한다.

http://www.beautymade.com, http://eosbeaute.com

4 기구와 기기 사용 및 관리법

(1) 전신용 베드 · 왜건 · 의자

사용 전 · 후 소독용 알코올을 이용하여 세심하게 소독해
서 화장품 잔여물이나 이물질이 남아있지 않도록 항상
청결을 유지한다.

(2) 각종 피부미용 기기

확대경 · 우드 램프 · 온장고 · 자외선 살균 소독기 등에
먼지나 이물질이 끼지 않도록 사용 후에 잘 닦아서 보관
유지하며, 전용 덮개를 씌워서 보관하도록 한다.

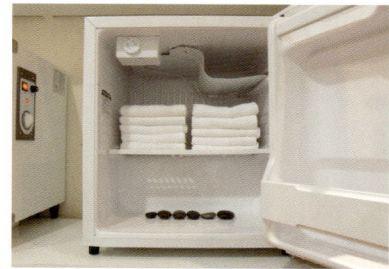

(3) 베드 시트 · 이불 · 타월 · 가운 · 터번 · 시트

사용 후 세탁기를 이용해서 살균 세탁을 한 뒤 햇빛에 잘
건조시켜 청결을 유지하여야 한다. 위생과 밀접한 관계
가 있는 관리용 비품들은 한 번 사용한 후에 재사용하지
않도록 한다.

http://www.beautymade.com

(4) 스파츌러 · 브러시 · 볼 · 미용기기 부속품

미온수에 적당량의 세제를 희석하여 이물질이 남지 않도록 청결하게 닦은 뒤 물기를 제거해서 자외선 살균 소독기에 넣고 소독한다.

(5) 눈썹 정리용 칼과 가위 · 족집게 · 여드름 압출기 등

미온수에서 청결하게 세척하고 자외선 소독기에 넣어서 살균 과정을 거친 후 70% 소독용 알코올에 15~20분간 담근 뒤 사용한다.

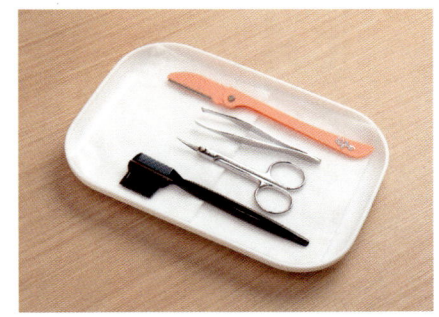

http://www.beautymade.com

(6) 그 외 주의사항

화장품은 반드시 스파츌러를 이용해서 덜어 사용하고, 바닥에 떨어진 도구는 반드시 소독한 후 사용하는 등의 주의가 필요하다.

chapter **03**

피부 관리사 준비사항

1⁺ 피부 관리사의 자세

(1) 외형

① 관리사 가운은 청결하며 관리하기에 불편하지 않은 실용적이고 심플한 디자인을 선택한다.

② 화장기 없는 맨 얼굴로 고객을 맞이해서는 안 되며 자연스러운 메이크업으로 맑고 투명한 피부를 유지한다.

③ 헤어스타일은 잔머리가 앞으로 흘러내려오지 않도록 단정하고 청결하게 정리한다.

④ 진심으로 고객을 반기는 따뜻한 미소와 관리사로서 자신감 있는 표정으로 고객에게 신뢰와 기대감을 줄 수 있는 표정을 유지한다.

⑤ 실내화는 소리가 나지 않고, 앞이 막힌 편안한 디자인을 선택한다.

⑥ 향수는 사용하지 않는다.

(2) 태도

① 고객의 반응을 살피고 심리적으로 안정감을 주도록 배려하고 노력한다.

② 신체부위 노출을 삼가려는 노력을 한다.

③ 항상 위생적인 관리를 위해 노력하고 특히, 화장품 등의 잔여물이 남지 않도록 해야 한다.

④ 고객을 대할 때에는 미소 띤 따뜻한 표정과 공손한 말투와 예의 바른 태도로 대한다.

⑤ 피부 관리실 내에서 걸을 때에는 누워서 관리를 받거나 수면 중인 고객을 배려하여 발소리가 나지 않도록 가볍게 걷는다.

(3) 관리 자세

① 앉아서 관리하는 경우, 베드 밑으로 다리가 모두 편안하게 들어가도록 의자 높이를 조절한다.

② 허리를 반듯하게 핀 바른 자세로 의자 깊숙이 당겨 앉고, 베드에 팔꿈치를 기대지 않는다.

③ 척추를 바르게 세우고, 체중이 오른발과 왼발 번갈아 가면서 균일하게 실리도록 해준다.

④ 관리 효과를 높이기 위해서 손목의 힘만을 사용하는 것이 아닌 관리사의 체중을 실어 관리해주며, 양팔과 상체는 자연스럽고 자유롭게 움직이면서 관리하는 것이 중요하다.

(4) 언어표현

① 고객에게는 반드시 존대어를 사용하며, 친분이 있다고 해서 반말을 해서는 안 된다.

② 명령어 등의 강한 표현은 사용하지 않는다.

③ 고객의 말을 끝까지 들어주고 중간에 말을 끊지 않는다.

④ 고객의 말에 주의 깊게 경청하며, 고객의 마음을 상하게 하는 말실수를 하지 않도록 한다.

⑤ 고객의 개인정보나 사적인 사항은 반드시 비밀유지를 하여 성숙된 전문가의 태도를 유지한다.

(5) 위생 상태

① 복장은 깨끗하고 단정하며, 청결을 유지해야 한다.

② 입냄새가 나지 않도록 한다.

③ 위생과 청결을 위해 마스크를 착용한다.

④ 세균 번식이 많이 되는 손을 잘 씻고, 소독을 자주하여 위생적으로 철저하게 관리해야 한다.

⑤ 손톱은 짧아야 하며, 손톱 끝은 매끄럽게 정돈되고 청결해야 한다.

2 바디 관리 시 주의사항

① 바른 자세를 유지하며, 고객이 편안한 분위기에서 관리를 받을 수 있도록 한다.

② 관리 전·후에 손 소독을 실시하고, 항상 마스크와 단정하고 청결한 가운을 착용함으로써 위생적으로 관리를 하도록 한다.

③ 고객의 피부 상태와 건강 상태를 체크 한 후에 피부 유형에 적합한 제품을 선택하여 사용해야 한다.

④ 손동작의 연결성이 유지되도록 교차시켜 관리하며, 강한 자극이나 압력이 가해지지 않도록 유연성 있게 동작을 유지한다.

⑤ 고객의 상태에 따라서 동작의 강약과 속도를 조절하도록 한다.

⑥ 매뉴얼 테크닉 동작은 피부결 방향에 따라서 근육 방향으로 정확성과 밀착성을 고려하여 리듬감 있게 행하도록 한다.

⑦ 전신 관리 시에 관리 부위 외에는 체온 유지를 위해서 타월을 덮어주어 안정감 있고 편안함을 유지시켜 준다.

3⁺ 피부 관리사의 손 운동

매뉴얼 테크닉을 하는 데 있어서 관리사의 손은 다양한 바디관리 동작 및 테크닉을 통해서 고객 만족을 시키기 위한 가장 중요한 부분이다. 관리사의 손과 손목에 무리가 가지 않으면서도 유연하고 섬세한 관리를 할 수 있도록 평소에 손 운동을 습관화할 필요가 있다.

손가락이나 손목의 관절염을 예방하고 손의 힘을 강화시켜서 관리사의 건강 유지에 꼭 필요한 손 운동을 익히도록 하자.

(1) 손 운동법

① 손과 손목에 힘을 빼고 가볍게 흔든다.

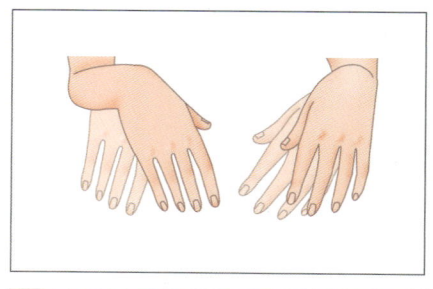

② 두 손을 모은 후에 안쪽으로 힘을 준다.

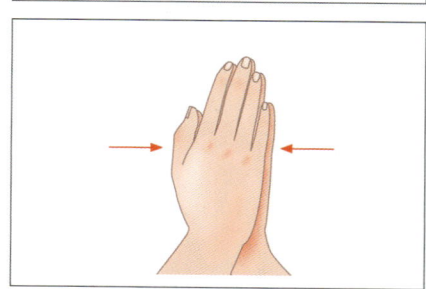

③ 손가락을 번갈아 가면서 오른쪽, 왼쪽 방향으로 돌려준다.

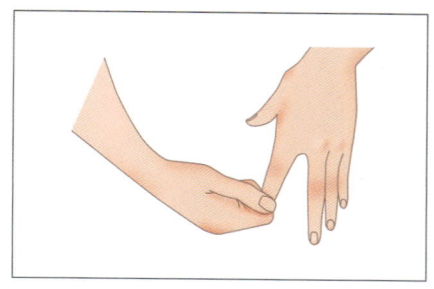

④ 손가락과 손목의 힘을 뺀 후에 측면을 이용하여 가
  볍게 두드린다.

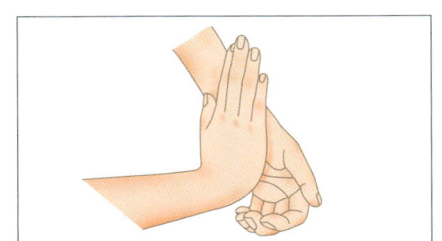

⑤ 손가락 힘을 빼고 아래팔을 가볍게 자극하면서 번
  갈아서 오르내리기 한다.

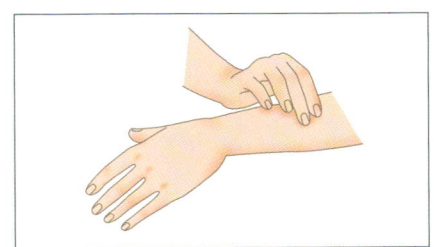

⑥ 팔꿈치를 90°로 하여 양손바닥이 닿지 않을 정도로
  가까이 가져갔다가 멀어지게 한다.

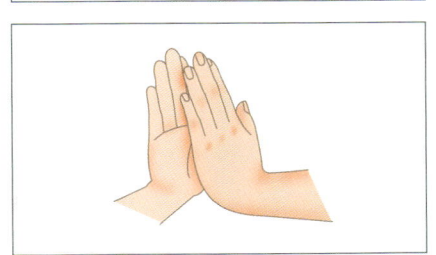

⑦ 양손 주먹을 쥔 상태로 힘을 주었다 뺏다 하면서 동
  작을 한다.

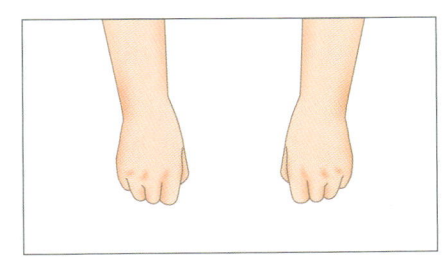

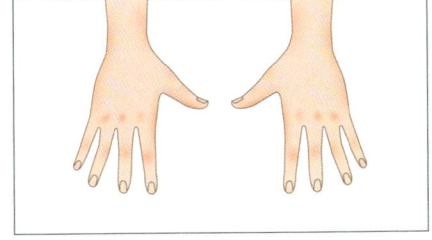

⑧ 양손을 깍지 낀 후에 힘을 주었다 뺏다 하면서 동작
  을 한다.

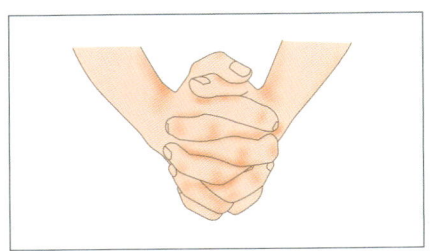

이해하기 쉬운
NCS 기반
전신 피부 관리

전신 피부 관리 **실습**

:02

인체의 골격과 근육의 이해

인체의 골격과 근육은 인체의 모든 움직임을 조절하며 건강을 유지하는 데 매우 중요한 인체 기관이다.
바디 매뉴얼 테크닉의 효과를 높이기 위해서 골격과 근육을 바르게 이해한 후 바디 매뉴얼 테크닉을 실시하여
고객 만족도를 높일 수 있도록 한다.

1 전신 골격

전신 골격은 총 206개로 구성되어 있으며, 신체의 형태를 유지하면서 외부 자극으로부터 신체를 보호하는 중요한 역할을 한다. 또한 지질과 칼슘을 저장하는 기능과 운동 기능, 조혈 작용을 담당한다.

전신 골격은 몸통뼈대(체간골격)와 팔·다리뼈대(체지골격)로 구성되어 있다. 몸통뼈대는 총 80개로 머리, 목, 몸통의 장기를 지지하고 보호하는 뼈와 연골 부분으로 나뉘며, 뇌머리뼈(뇌두개골) 8개, 얼굴뼈(안면골) 14개, 귓속뼈(이소골) 6개, 목뿔뼈(설골) 1개, 척주뼈(척주추골) 24개, 엉치뼈(천골) 1개, 미골 1개, 갈비뼈(늑골) 24개, 복장뼈(흉골) 1개로 이루어져 있다. 팔·다리뼈대는 팔과 다리를 몸통뼈대에 부착시키는 뼈와 팔과 다리의 뼈들로 구성되어 있다. 총 126개로 팔이음뼈(상지대) 4개, 자유팔뼈(자유상지골) 60개, 다리이음뼈(하지대) 2개, 자유다리뼈(자유하지골) 60개이다.

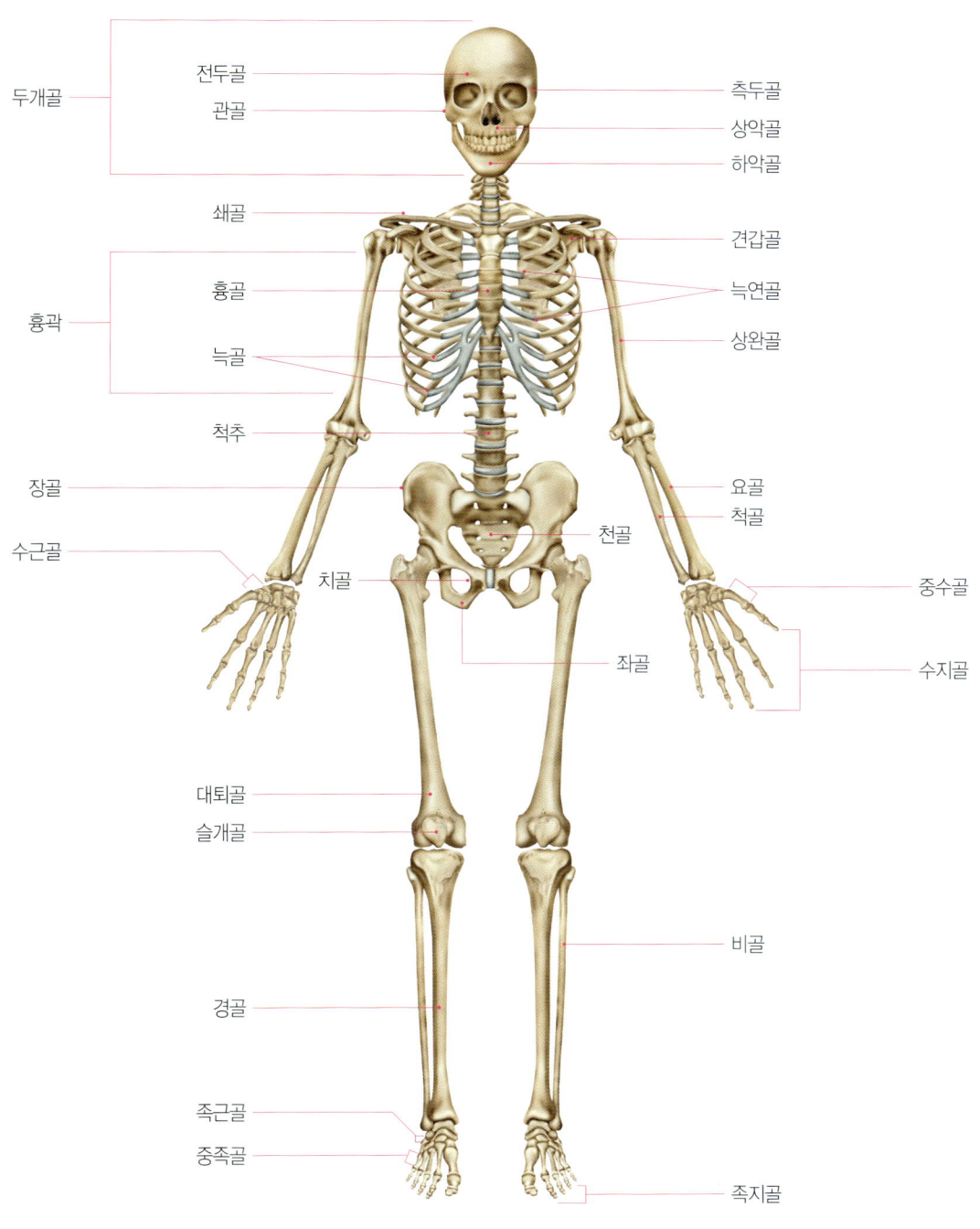

두개골
전두골
관골
측두골
상악골
하악골
쇄골
견갑골
흉곽
흉골
늑연골
늑골
상완골
척추
장골
요골
척골
수근골
천골
치골
중수골
좌골
수지골
대퇴골
슬개골
비골
경골
족근골
중족골
족지골

| 전면 전신 골격 |

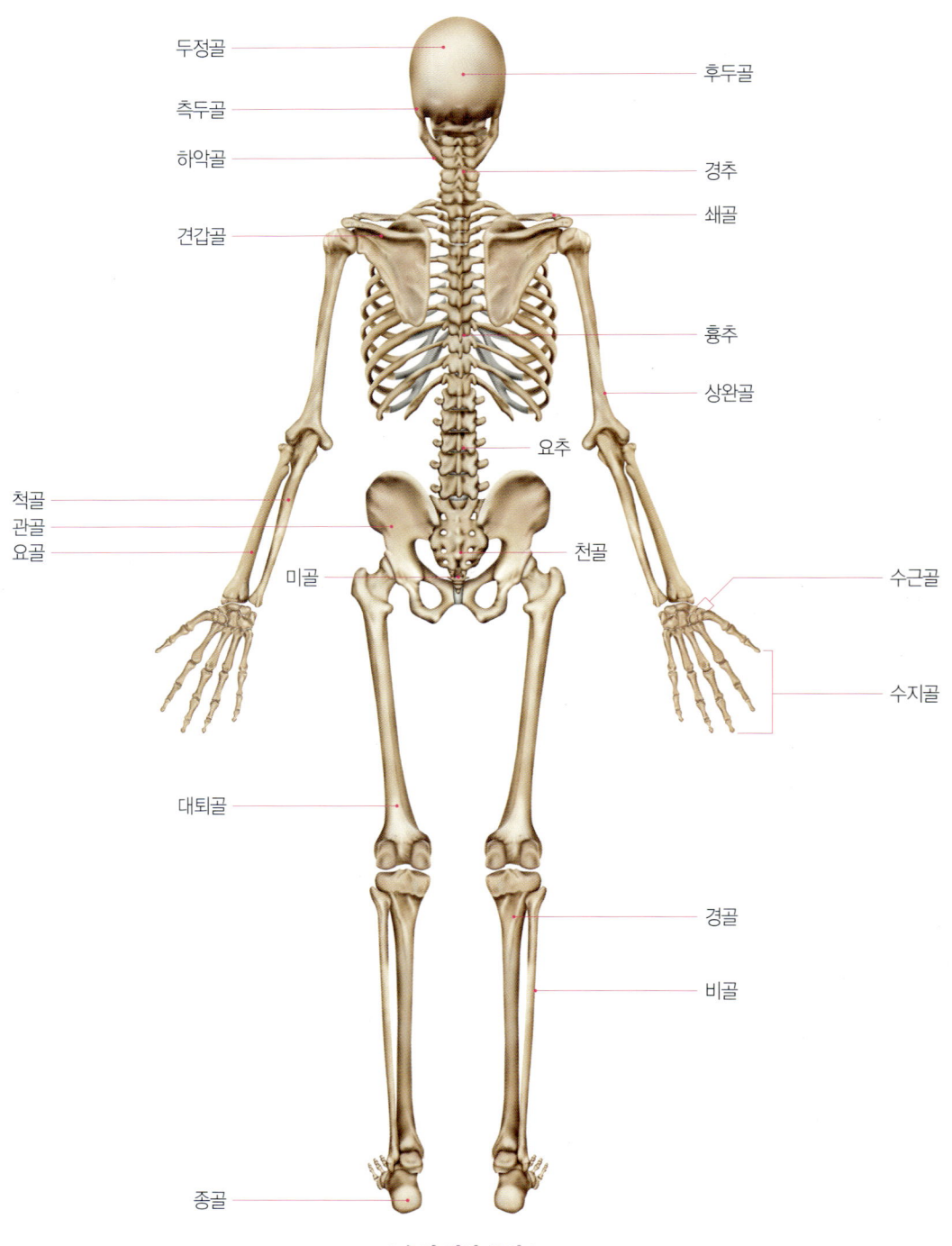

두정골

측두골

하악골

견갑골

후두골

경추

쇄골

흉추

상완골

요추

척골
관골
요골

미골

천골

수근골

수지골

대퇴골

경골

비골

종골

| 후면 전신 골격 |

2⁺ 전신 근육

근육은 인간의 체형을 결정짓는 데 직접적으로 영향을 주며, 안정적인 자세 유지에도 중요한 역할을 한다. 뼈를 보호하는 역할과 함께 신체의 움직임을 원활하게 할 수 있도록 도와주며 체열을 생산하고, 에너지를 소모하는 데에도 큰 영향을 미친다.

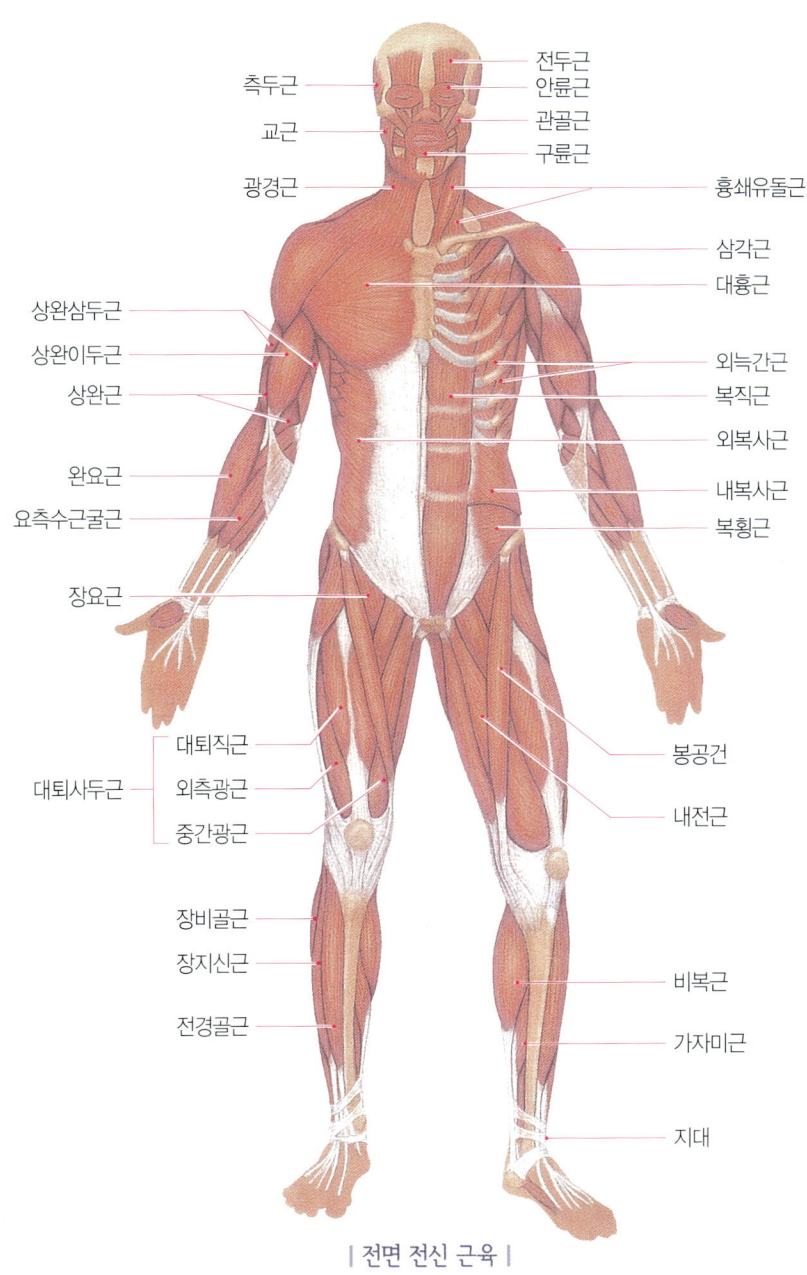

| 전면 전신 근육 |

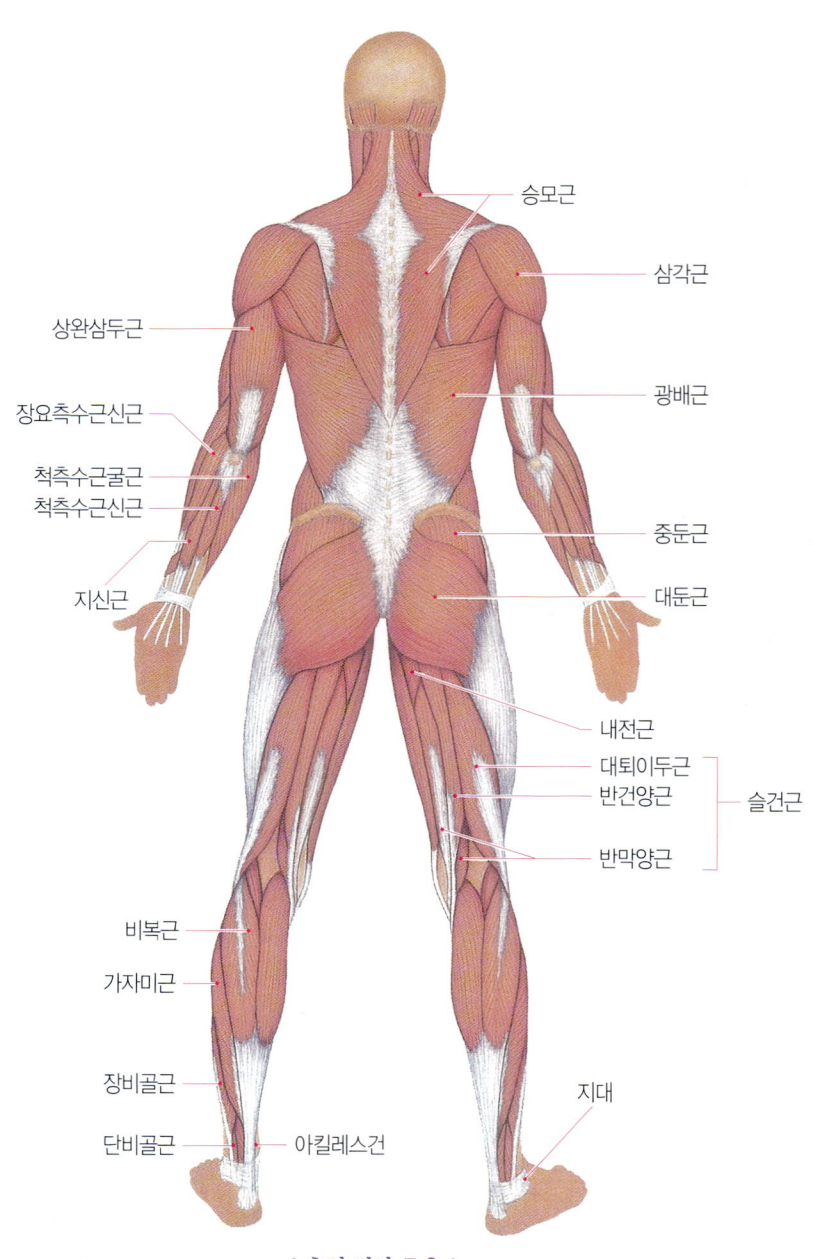

승모근

삼각근

상완삼두근

광배근

장요측수근신근

척측수근굴근
척측수근신근

중둔근

대둔근

지신근

내전근

대퇴이두근
반건양근   슬건근

반막양근

비복근

가자미근

장비골근

지대

단비골근   아킬레스건

| 후면 전신 근육 |

chapter 02

손 · 팔 매뉴얼 테크닉

1⁺ 손 · 팔 관리의 필요성

손과 팔은 심장과 멀리 떨어진 인체의 말단 부위로 혈액순환 저하의 문제가 쉽게 나타날 수 있는 곳이다. 인체 부위 중 움직임과 쓰임이 많은 곳이기 때문에 근육이 쉽게 뭉치기도 하고 경직되는 현상이 자주 나타날 수 있어서 매뉴얼 테크닉을 통한 근육의 이완과 충분한 관리의 필요성이 요구된다.

또한 생활 속에서 손을 이용하여 거의 모든 일을 수행하기 때문에 피로가 많이 쌓이는 곳이며, 운동이나 외부 활동, 운전 등을 할 때 얼굴 다음으로 많이 노출되는 부위이다. 색소침착이나 주름 등을 예방하여 건강하고, 아름다운 손과 팔의 유지를 위해서 관리는 필수적이라 할 수 있다.

2⁺ 손 · 팔 관리의 효과

손 · 팔 매뉴얼 테크닉은 혈액순환을 촉진하고 노폐물을 제거하며, 피부에 수분을 공급하여 부드럽고 탄력 있는 손을 유지할 수 있도록 한다. 매뉴얼 테크닉은 근육을 이완시켜주는 동시에 정서적인 안정을 주는 효과가 있다.

3⁺ 손 · 팔을 구성하는 골격과 근육

신체 중에서 가장 민감한 부분이 손이며, 손과 팔 한쪽에 32개, 양쪽 모두 64개의 뼈로 구성되어 있다. 팔뼈는 두 부분으로 된 굵고 긴뼈로 구성되어 있으며, 구부릴 수 있는 특징이 있다. 손뼈는 팔을 지탱하고 골격을 이루는 가장 단단한 조직으로 다량의 뼈바탕질을 포함하고 있다. 또한 여러 개의 뼈가 연결되어 있으며, 물건을 집거나 들어 올리는 기능을 한다. 또한 지질과 칼슘을 저장하는 기능, 운동 기능과 조혈 작용을 담당한다.

팔의 근육은 팔의 운동에 관여하며 어깨에 곡선을 이루며 내려오는 상완(윗팔)과 팔꿈관절을 기준으로 아래쪽 부분에 위치한 아래팔근(하완)으로 구성되어 있다. 또한 수천 개의 신경종말이 분포되어 있어서 감각을 인지하는 기능을 한다.

(1) 손 · 팔의 골격

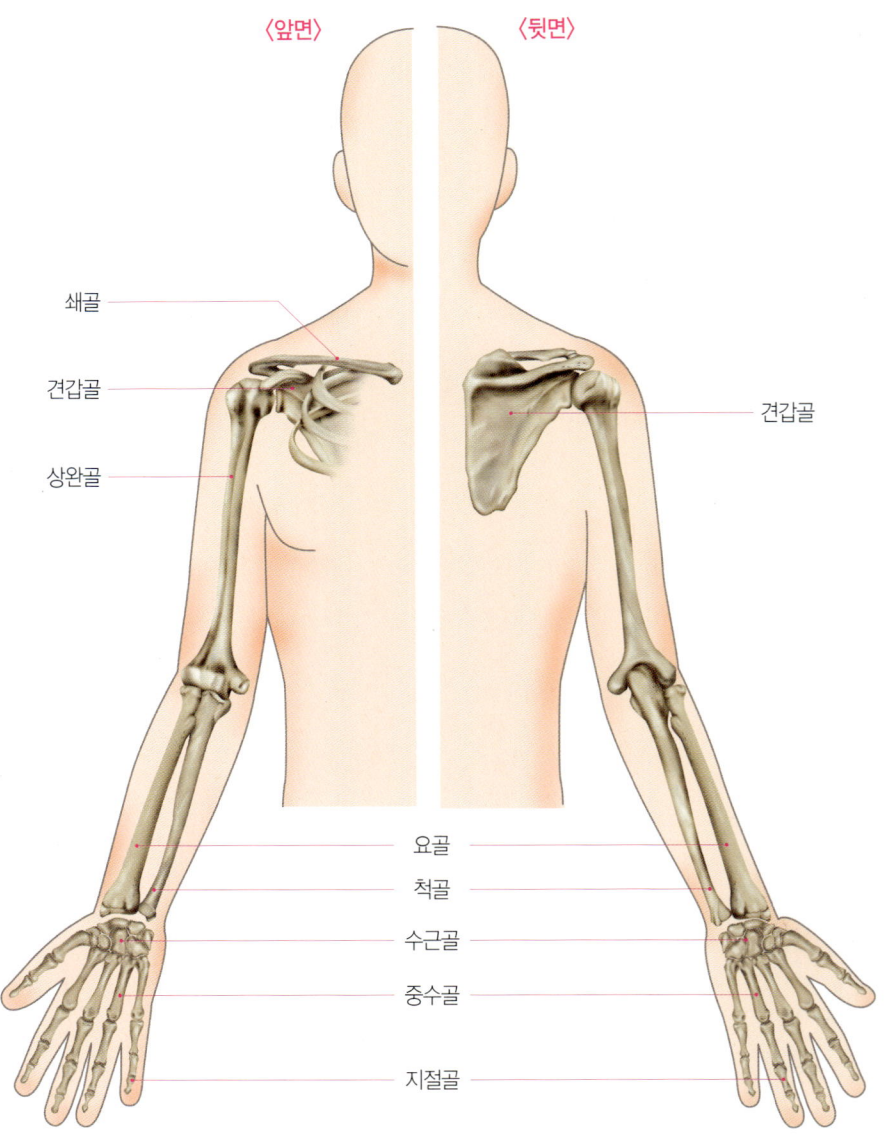

〈앞면〉　　〈뒷면〉

쇄골
견갑골
상완골
견갑골

요골
척골
수근골
중수골
지절골

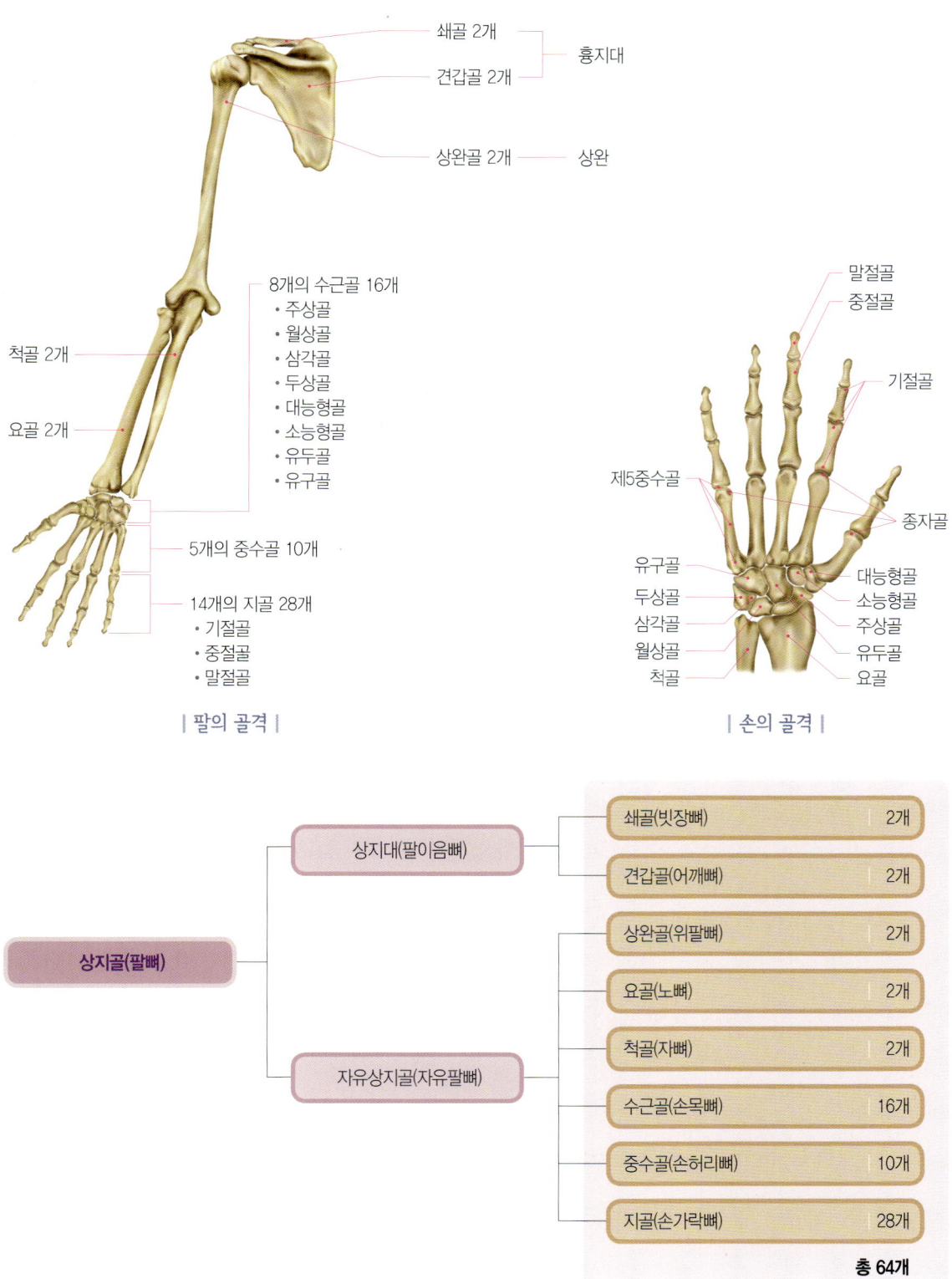

쇄골 2개 ─┐
          ├─ 흉지대
견갑골 2개 ─┘

상완골 2개 ── 상완

8개의 수근골 16개
• 주상골
• 월상골
• 삼각골
• 두상골
• 대능형골
• 소능형골
• 유두골
• 유구골

척골 2개

요골 2개

5개의 중수골 10개

14개의 지골 28개
• 기절골
• 중절골
• 말절골

| 팔의 골격 |

말절골
중절골

기절골

제5중수골

종자골

유구골   대능형골
두상골   소능형골
삼각골   주상골
월상골   유두골
척골   요골

| 손의 골격 |

상지골(팔뼈)

상지대(팔이음뼈)

| 쇄골(빗장뼈) | 2개 |
| 견갑골(어깨뼈) | 2개 |

자유상지골(자유팔뼈)

상완골(위팔뼈)	2개
요골(노뼈)	2개
척골(자뼈)	2개
수근골(손목뼈)	16개
중수골(손허리뼈)	10개
지골(손가락뼈)	28개

총 64개

(2) 손·팔의 근육

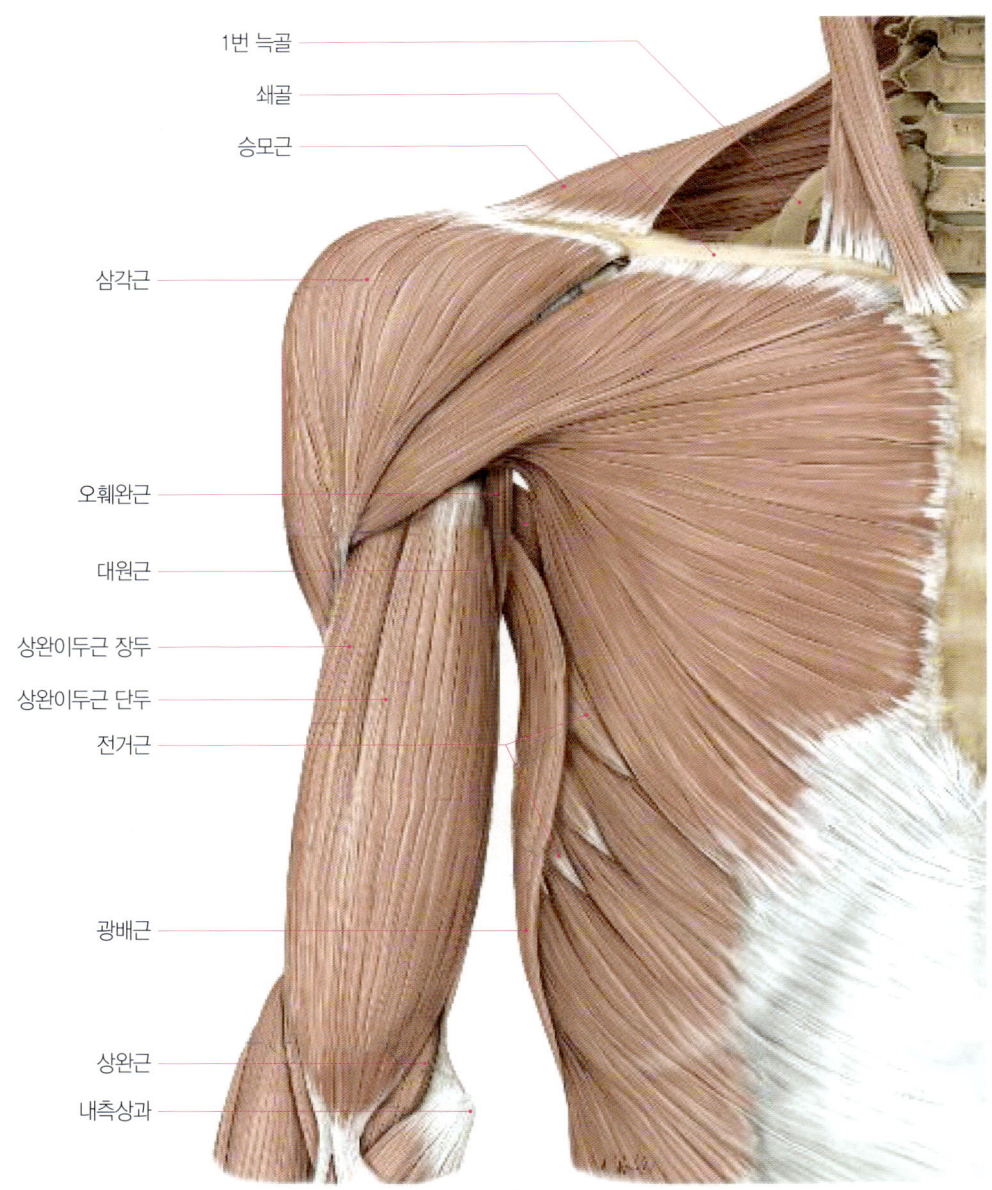

1번 늑골
쇄골
승모근
삼각근
오훼완근
대원근
상완이두근 장두
상완이두근 단두
전거근
광배근
상완근
내측상과

| 상완의 근육 |

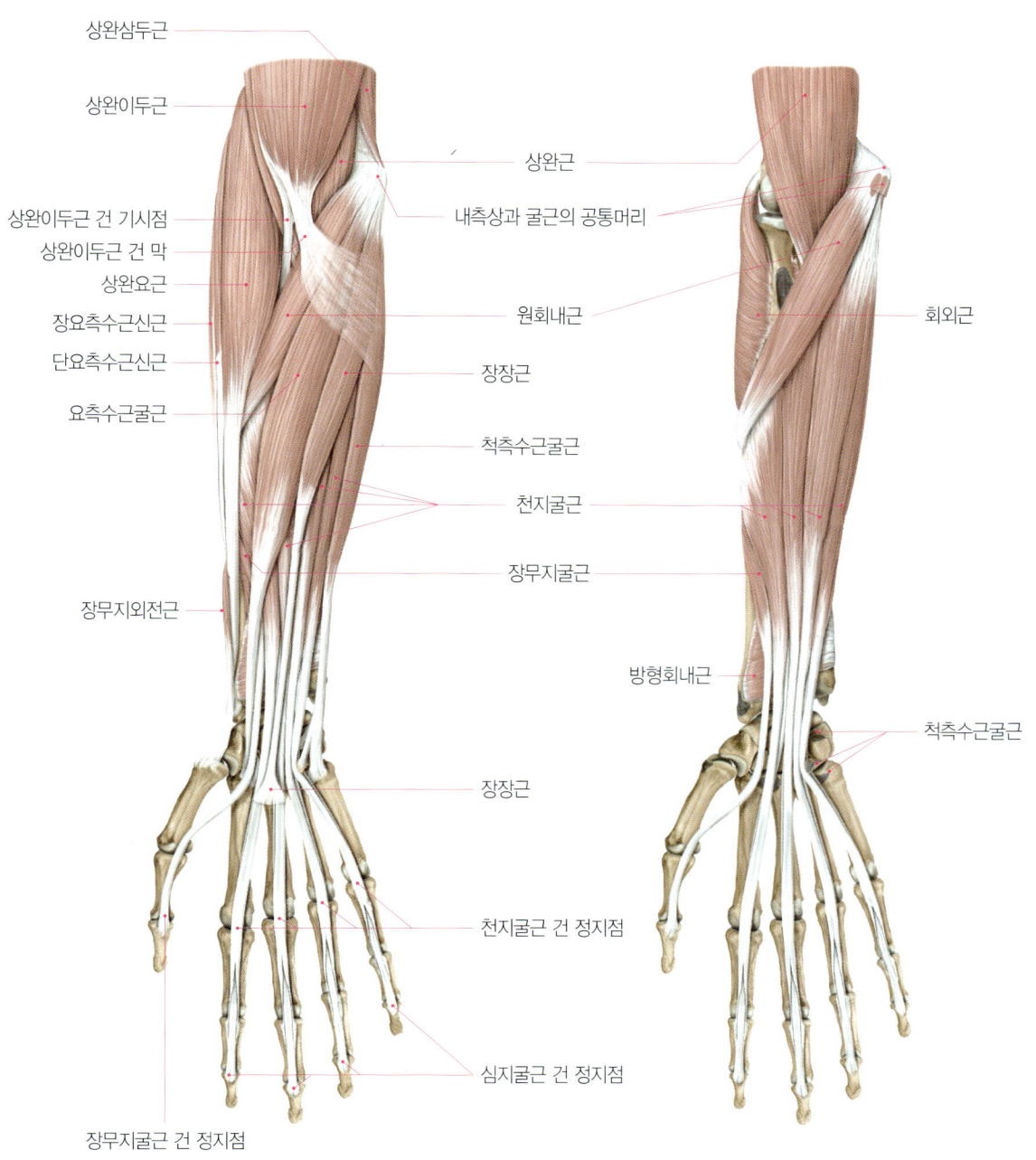

상완삼두근

상완이두근

상완근

내측상과 굴근의 공통머리

상완이두근 건 기시점
상완이두근 건 막
상완요근
장요측수근신근
단요측수근신근

원회내근

회외근

요측수근굴근

장장근

척측수근굴근

천지굴근

장무지외전근

장무지굴근

방형회내근

척측수근굴근

장장근

천지굴근 건 정지점

심지굴근 건 정지점

장무지굴근 건 정지점

| 전완의 근육 |

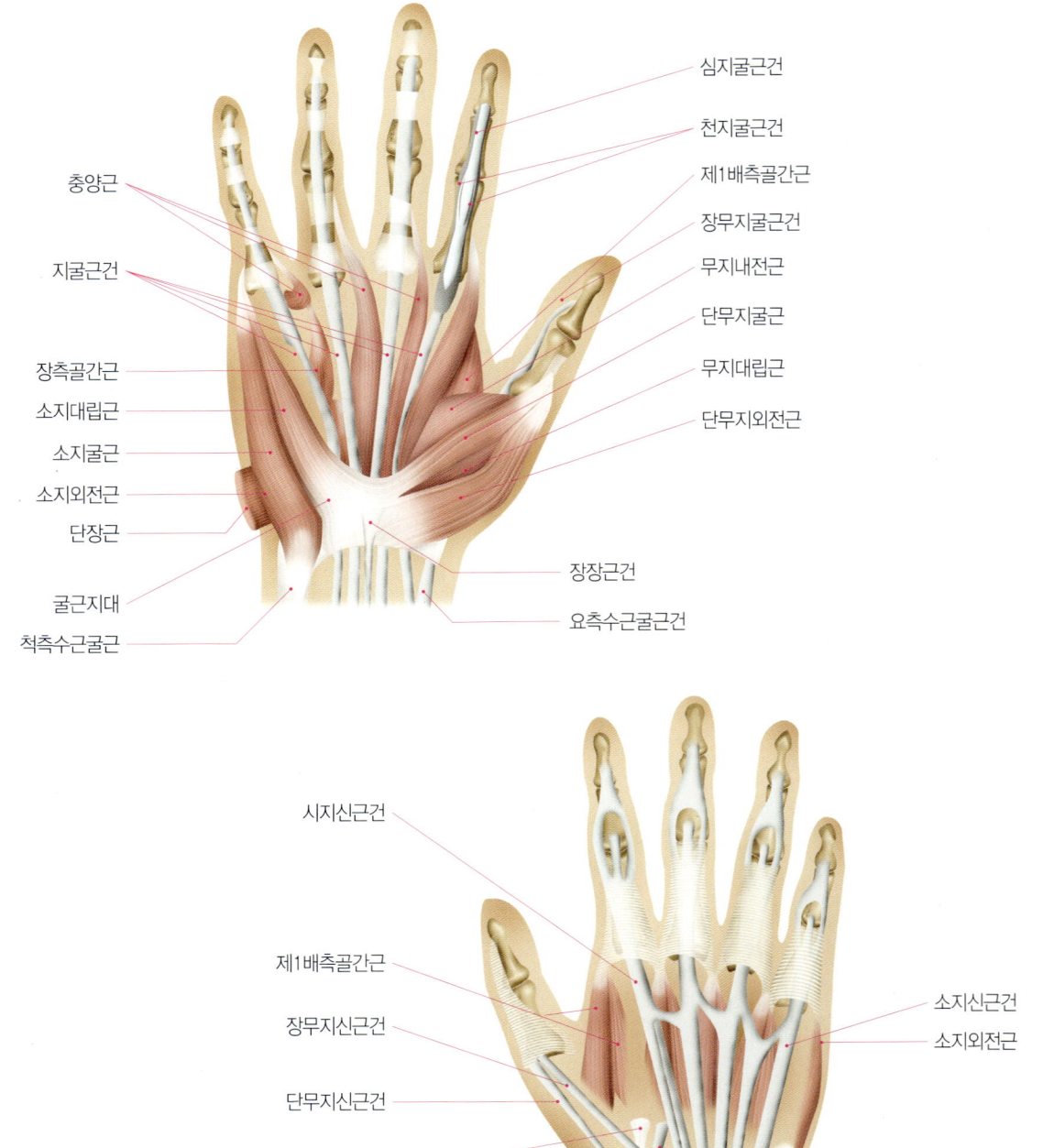

충양근

지굴근건

장측골간근
소지대립근
소지굴근
소지외전근
단장근

굴근지대
척측수근굴근

심지굴근건
천지굴근건
제1배측골간근
장무지굴근건
무지내전근
단무지굴근
무지대립근
단무지외전근

장장근건
요측수근굴근건

시지신근건

제1배측골간근

장무지신근건

단무지신근건

장요측수근신근건

단요측수근신근건

소지신근건
소지외전근

척추수근신근건

신근지대

| 손의 근육 |

4 손 · 팔 매뉴얼 테크닉 30

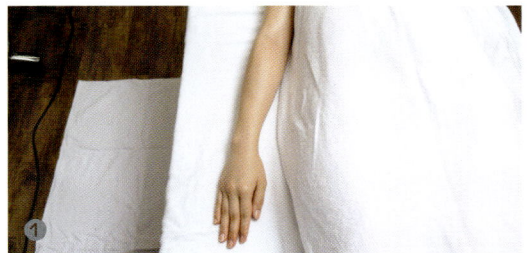

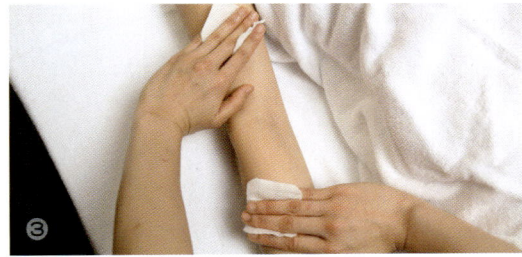

➜ **01 클렌징하기**

화장솜에 토너를 적당량 묻혀서 팔과 손가락을 클렌징한다.

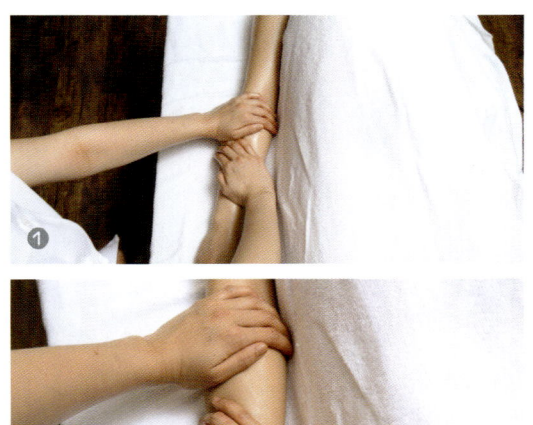

➜ **02 오일 도포하기**

유리로 된 볼에 적당량의 오일을 덜어 준비한 후 팔 전체에 고르게 오일을 도포한다.

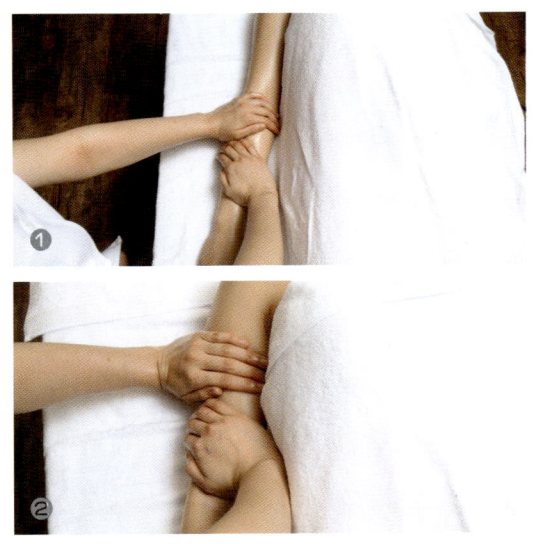

➜ **03 팔 전체 쓰다듬기**

양손바닥을 이용해서 손목부터 어깨까지 팔 전체를 쓰다듬어준다.

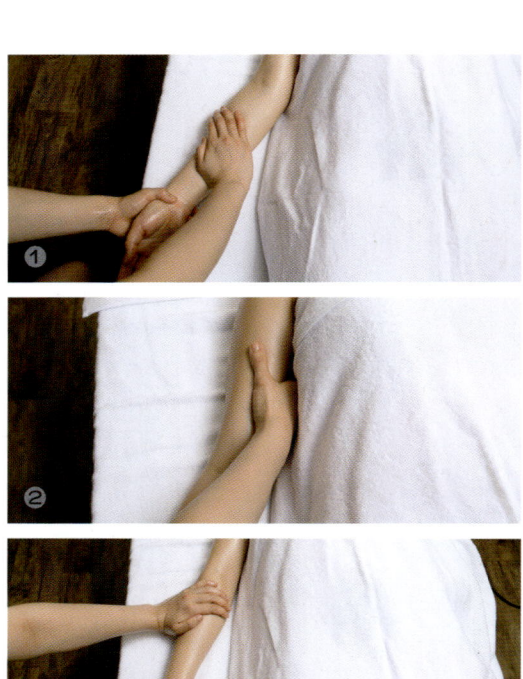

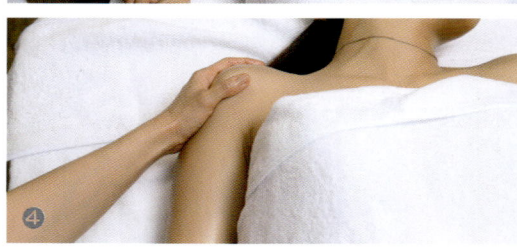

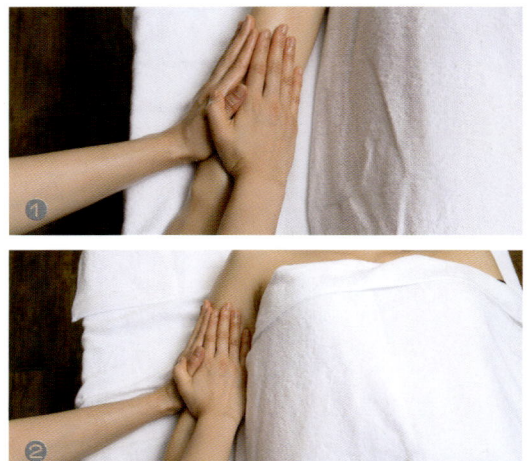

→ 06 팔 전체 문지르기

양손바닥을 이용해서 손목에서부터 어깨까지
팔의 안쪽과 바깥쪽을 동시에 나선형으로 원을
그리며 문질러준다.

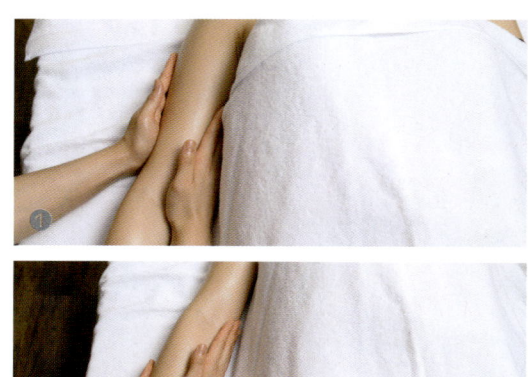

→ 04 안쪽과 바깥쪽 쓰다듬기

한손은 손목을 잡고, 다른 한손의 손바닥을 이
용해서 팔의 안쪽을 쓰다듬은 후, 바깥쪽도 쓰
다듬어준다.

→ 05 안쪽과 바깥쪽 문지르기

한손은 손목을 잡고, 다른 한손의 손바닥을 이
용해서 팔의 안쪽을 나선형으로 원을 그리며
문지른 뒤 바깥쪽도 문질러준다.

→ 07 팔 전체 진동해서 내려오기

양손바닥을 밀착력 있게 마주 댄 상태에서 삼
각근부터 손목까지 팔 전체를 진동하며 내려
온다.

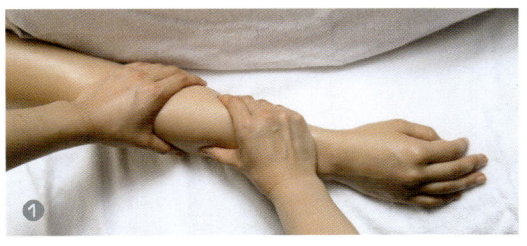

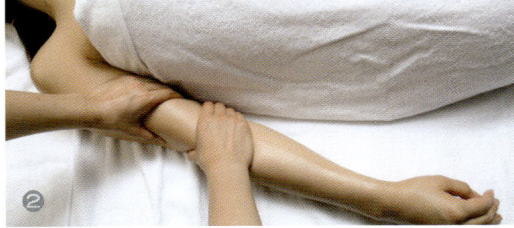

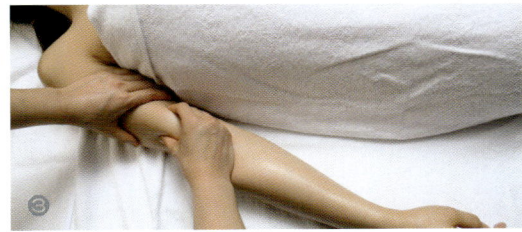

➜ **08** 팔 전체 반죽하기

양손의 엄지와 나머지 손가락을 이용해서 팔
전체 안쪽과 바깥쪽을 반죽한다.

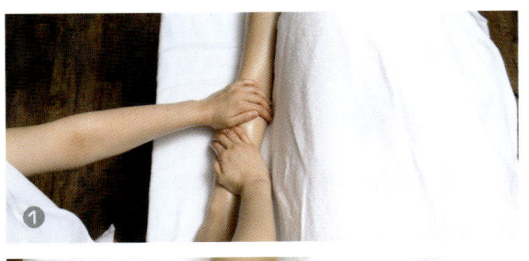

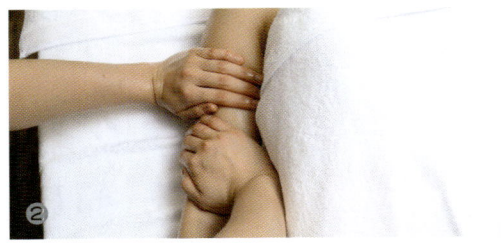

➜ **09** 팔 전체 쓰다듬기

양손바닥을 이용해서 손목부터 어깨까지 팔 전
체를 쓰다듬어준다.

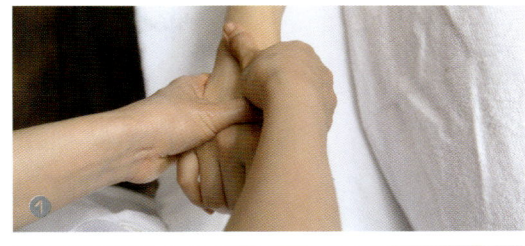

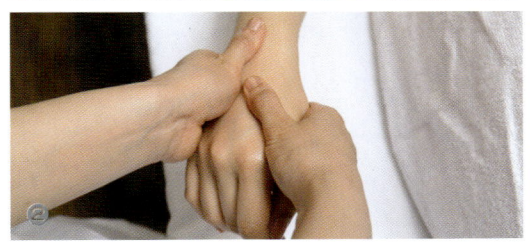

➜ **10** 손목 X자로 크게 쓸어올리기

양손 엄지를 이용해서 손목을 X자 모양으로
번갈아가면서 쓸어올린다.

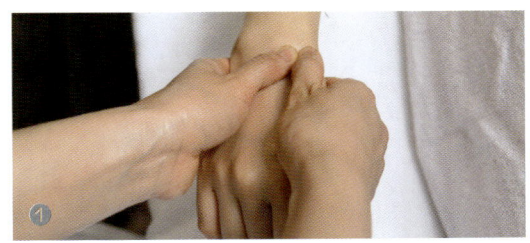

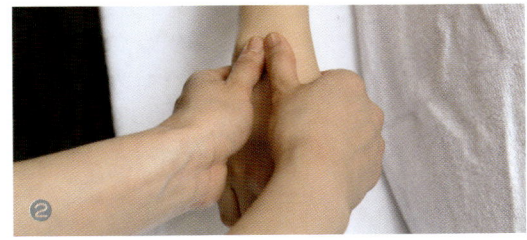

➜ **11** 손목 8자로 문지르기

양손 엄지를 이용해서 손목을 8자 모양으로 문
지른다.

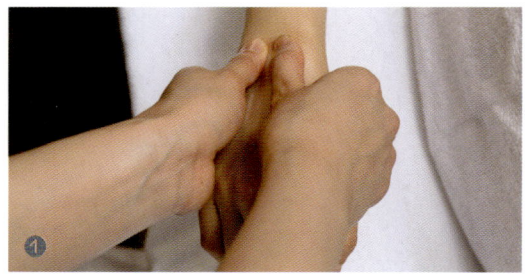

→ **12 손목 11자로 쓸어올리기**

양손 엄지를 이용해서 손목을 11자로 동시에 쓸어올린다.

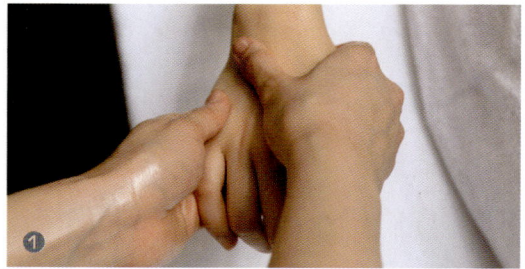

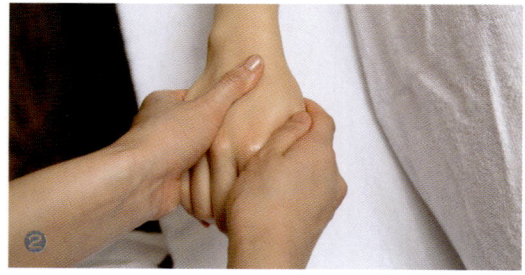

→ **13 손등 X자로 쓸어주기**

양손의 엄지를 이용해서 손등을 반원을 그리듯이 X자 모양으로 쓸어준다.

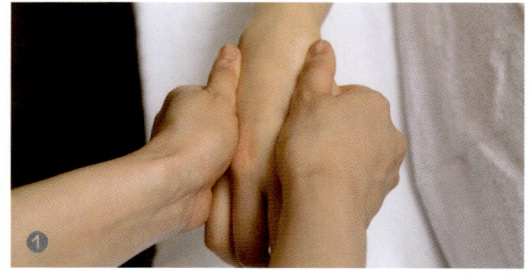

→ **14 손등부터 팔 전체 사과 쪼개기**

양손으로 손등부터 시작해서 팔 전체를 사과 쪼개듯이 쓸어준다.

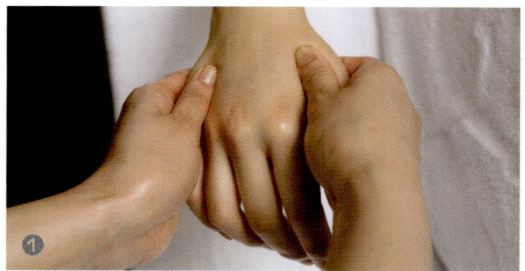

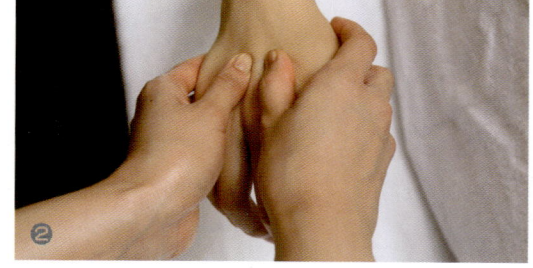

→ **15 중수골 사이 엄지로 쓸어올리기**

양손의 엄지를 동시에 중수골 사이를 쓸어올려 준다.

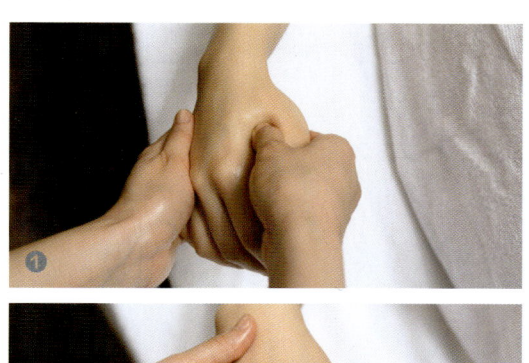

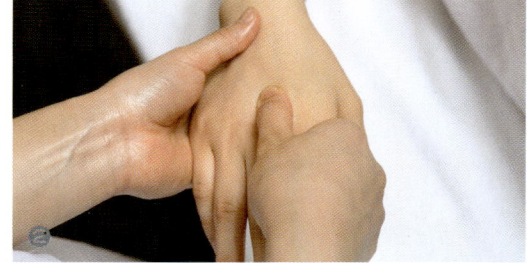

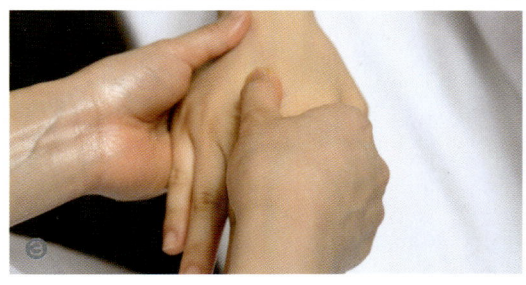

➔ 16 중수골 3회 원 그리고 쓸어내리기

한손은 손목을 잡고, 다른 손 엄지를 이용해서 중수골 사이를 나선형으로 작은 원을 그리며 올라갔다가 쓸어내려준다.

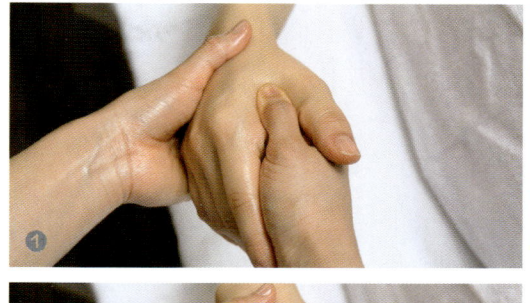

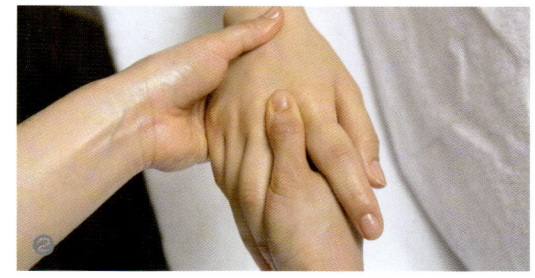

➔ 17 손가락 사이 골 누르기

한손은 손목을 잡고, 각각의 손가락 사이의 골 부분을 3초 정도 지긋이 눌러준다.

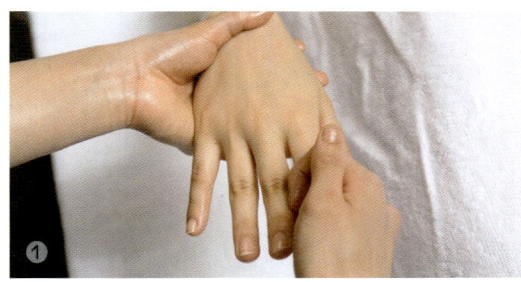

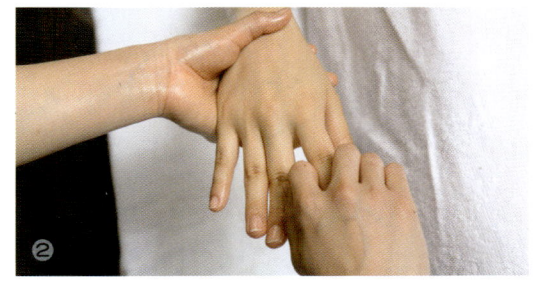

➔ 18 손가락 2회 쓸어주기

한손은 손목을 잡고, 각각의 손가락의 상, 하, 좌, 우를 2회씩 쓸어서 빼준다.

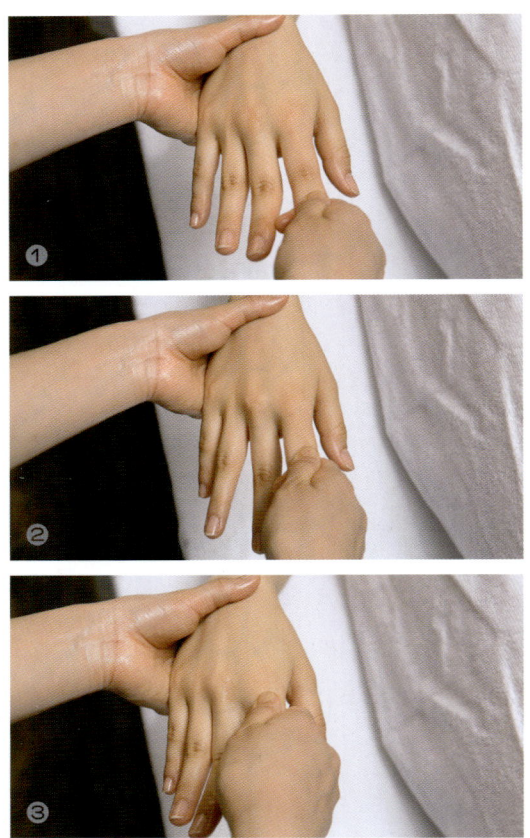

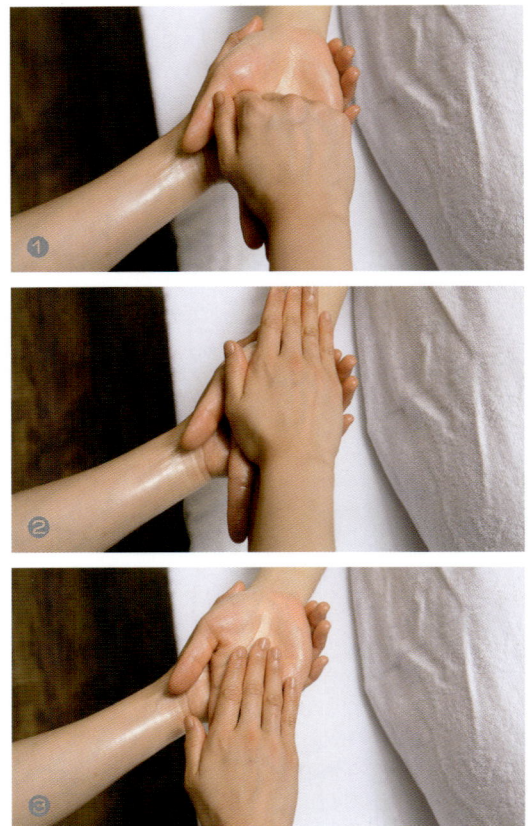

➔ **19 손가락 3회 원 그리고 문질러 올린 뒤 빼주기**

　　한손은 손목을 잡고, 엄지를 이용해서 손가락 끝 부분부터 3~4회 정도 원모양으로 문질러 올린 뒤 빼준다.

➔ **20 손바닥 전체 쓸어주기**

　　한손바닥으로 손을 받친 뒤 주먹 모양으로 손가락 끝부터 손목 부분까지 쓸어올렸다가 주먹을 펴서 손바닥으로 쓸어내려준다.

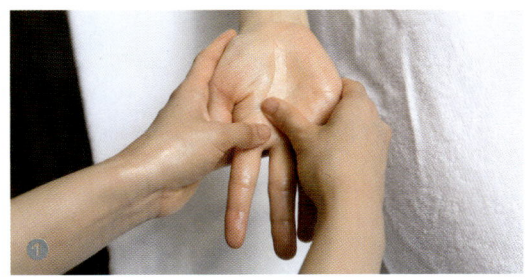

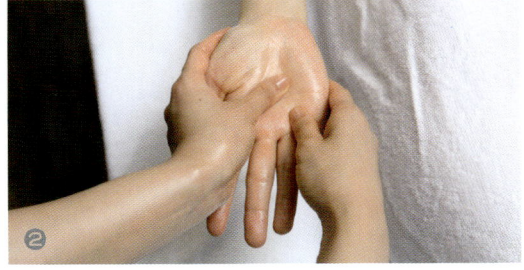

➜ 21 손바닥 작은 X자로 촘촘히 올라가며 문지르기

양손의 엄지를 이용해서 손목 방향으로 X자 모양으로 올려준 뒤 엄지를 겹쳐서 쓸어내린다.

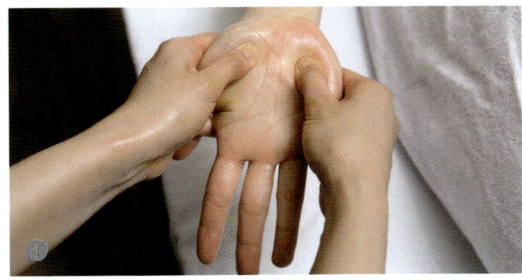

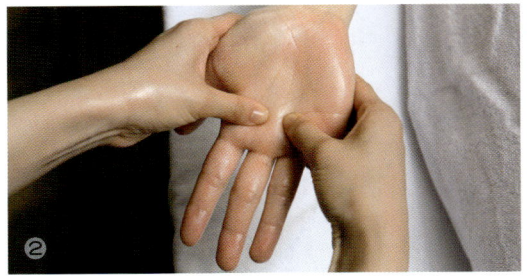

➜ 22 손바닥 마름모 모양으로 쓸어주기

양손의 엄지를 이용해서 동시에 손바닥을 마름모 모양으로 쓸어준다.

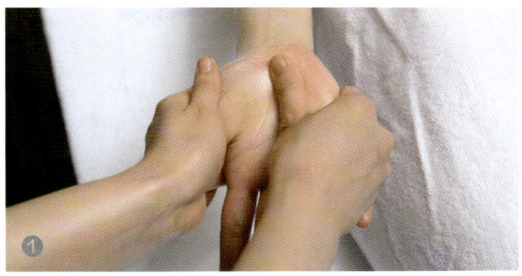

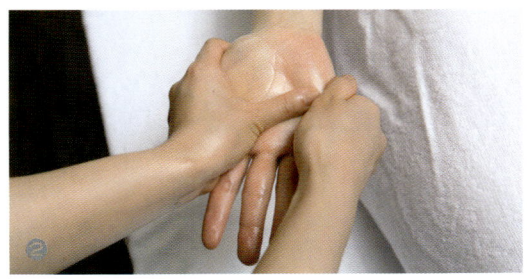

➜ 23 손바닥 큰 X자로 쓸어주기

양손의 엄지를 번갈아가면서 손바닥을 X자 모양으로 쓸어준다.

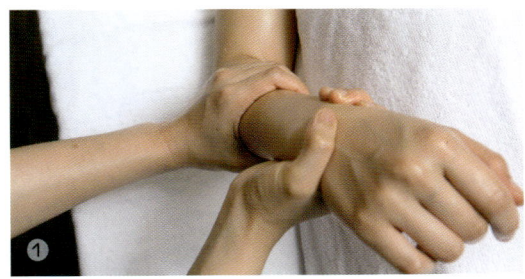

➜ 24 손목 잡고 팔 쓸어내리기

팔꿈치를 고정해서 팔을 90°로 세운 상태로 한 손은 손목을 잡고 오른손, 왼손을 번갈아가면서 시원하게 쓸어내린다.

41

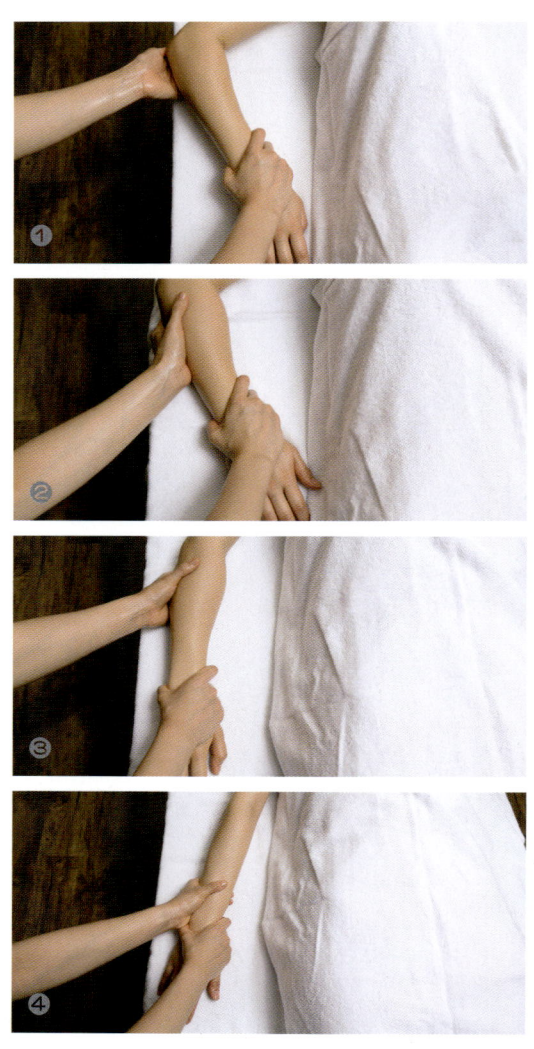

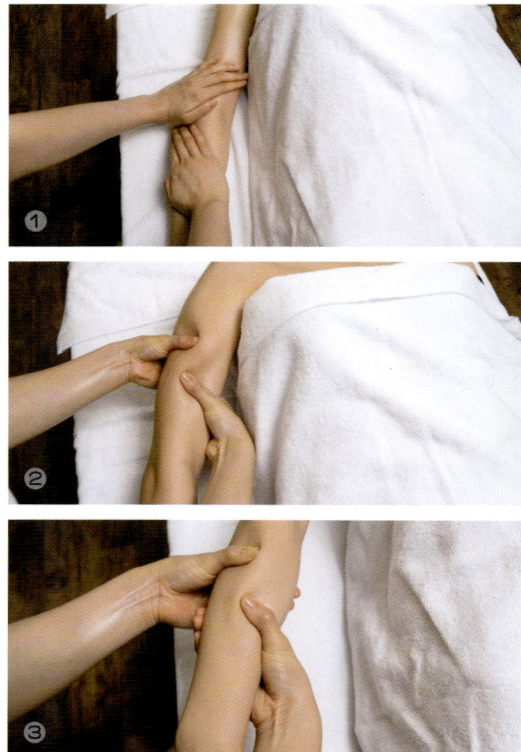

→ 26 팔 전체 짜주면서 내려오기

양손바닥을 이용해서 팔 윗부분부터 손목까지
짜주듯이 팔을 당기며 내려온다.

→ 25 팔꿈치 쓰다듬기

팔꿈치가 바깥으로 오도록 팔을 접은 상태에서
한손은 손목을 고정하고, 엄지와 손바닥을 이
용해서 팔꿈치를 쓰다듬어준다.

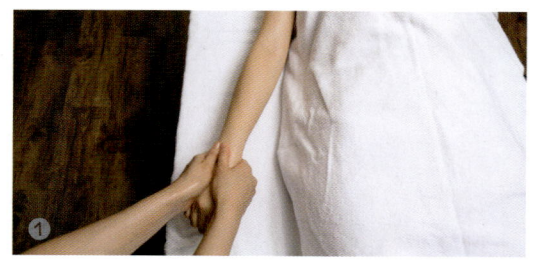

→ 27 손목 잡고 흔들어주기

양손으로 손목을 잡고, 팔 전체를 가볍게 흔들
어준다.

→ 28 전체 쓰다듬기

양손바닥을 이용해서 손목부터 어깨까지 팔 전
체를 쓰다듬어준다.

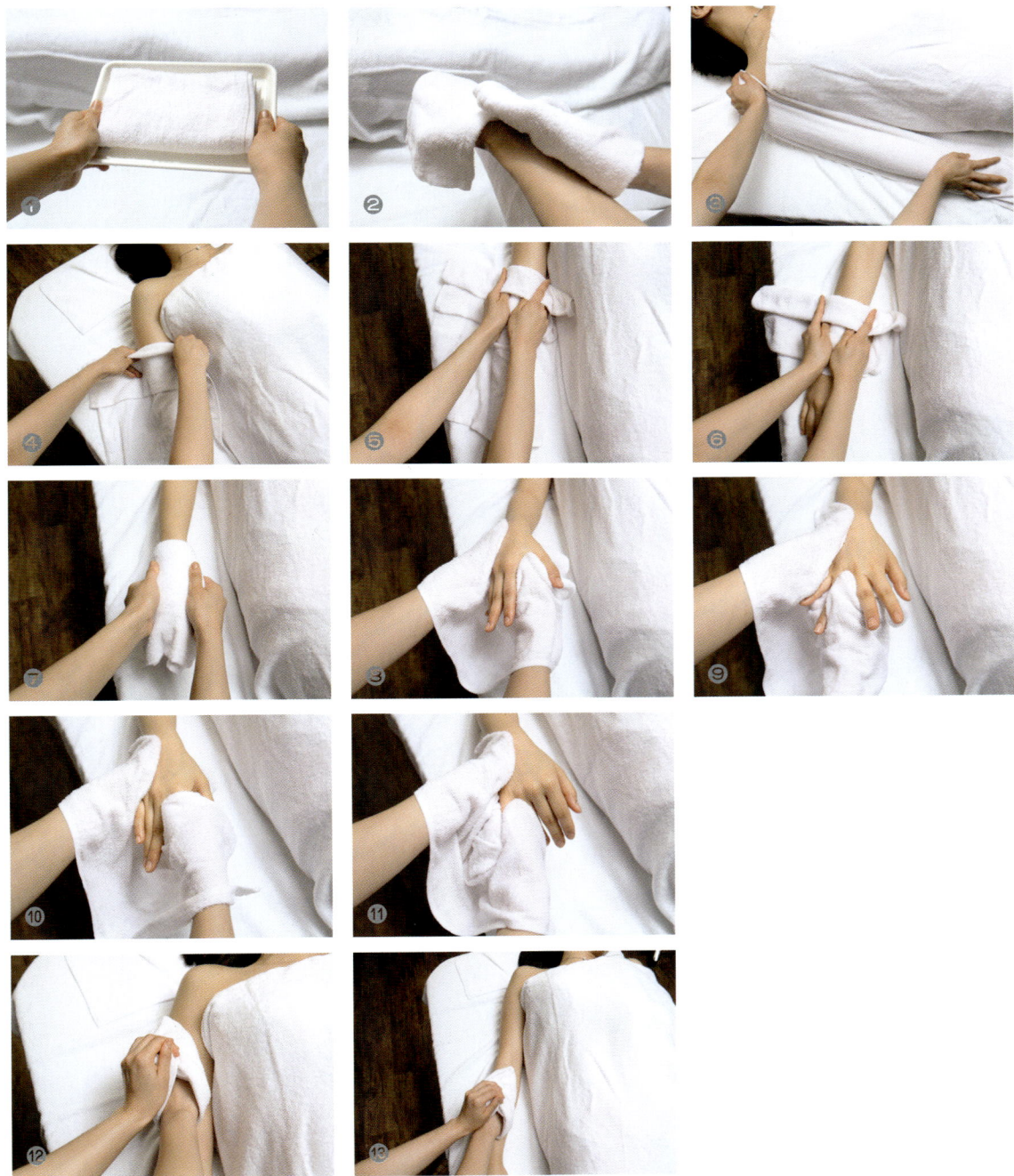

→ 29 팔 전체 온습포로 닦기

쟁반에 받쳐서 온습포를 꺼내온 뒤 손목 안쪽에 온습포의 온도가 적당한지 확인한 후, 팔 전체를 닦아준다.

→ 30 피부결 정리하기

화장솜에 토너를 적당량 묻혀서 팔 전체와 손가락 부분의 피부결을 잘 정리한다.

chapter 03

발 · 다리 매뉴얼 테크닉

1️⃣ 발 · 다리 관리의 필요성

발과 다리는 심장과 멀리 떨어진 인체의 말단 부위로 혈액순환 저하의 문제가 쉽게 나타날 수 있다. 인체 부위 중 움직임과 쓰임이 많은 곳이기 때문에 근육이 쉽게 뭉치기도 하고 경직되는 현상이 자주 나타날 수 있다. 또한 평소에 다리를 꼬는 등의 바르지 못한 자세로 혈액순환을 방해하여 셀룰라이트나 부종 등이 생길 수 있으며, 운동이나 외부 활동을 할 때에도 노출이 많이 되는 곳이므로 피부노화나 주름 예방, 근육의 이완을 위해서 매뉴얼 테크닉 등의 충분한 관리가 필요하다.

발 · 다리 매뉴얼 테크닉을 통하여 혈액과 림프의 순환을 원활하게 하여 노폐물 배출 및 지방 분해 효과와 함께 부종을 없애 가볍고 건강한 다리를 만드는 데 도움이 된다.

2️⃣ 발 · 다리 관리의 효과

발 · 다리 매뉴얼 테크닉은 혈액과 림프의 순환을 원활하게 함으로써 다리 부위에 정맥류를 예방하는 효과가 있다. 뭉친 발과 다리 근육의 긴장을 풀어 주고, 부종 완화에 도움을 주어 건강하고 아름다운 다리 라인을 유지시켜주는 동시에 정서적인 편안함과 안정감을 갖게 하는 효과도 있다.

3⁺ 발 · 다리를 구성하는 골격과 근육

(1) 발 · 다리의 골격

다리뼈는 팔뼈보다 길고 굵게 형성되어 있으며, 한쪽에 31개로 발과 다리 양쪽 모두 62개의 뼈로 구성되어 있다. 팔뼈와 같이 구부릴 수 있는 특징을 가지고 있다.

관골 양쪽 2개, 대퇴골 2개, 슬개골 2개, 경골 2개, 비골 2개 이외에도 아래쪽에 족근골 양쪽 14개, 중족골 양쪽 10개, 족지골(기절골, 중절골, 말절골) 양쪽 28개의 뼈로 몸무게를 지탱하고 몸의 원활한 움직임을 담당하는 중요한 역할을 한다.

또한 몸을 움직일 때 중요한 역할을 하는 무릎 관절의 중앙에 위치한 슬개골과 걸을 때 지렛대 역할을 하는 발바닥의 아치도 안정적으로 자세를 지탱해주고, 편안하고 바르게 잘 걸을 수 있는 핵심 역할을 한다.

발과 다리의 근육은 다리의 운동에 관여하며, 체중을 안정적으로 유지하는 데 적절한 근육으로 발달되어 있어서 뼈를 보호하는 역할과 함께 신체의 움직임을 원활하고 자유롭게 할 수 있도록 돕는 중요한 역할을 한다. 또한 자세를 바르게 지탱하고 유지하며, 체열을 생산하고 에너지를 소모하는 데에도 큰 영향을 미친다.

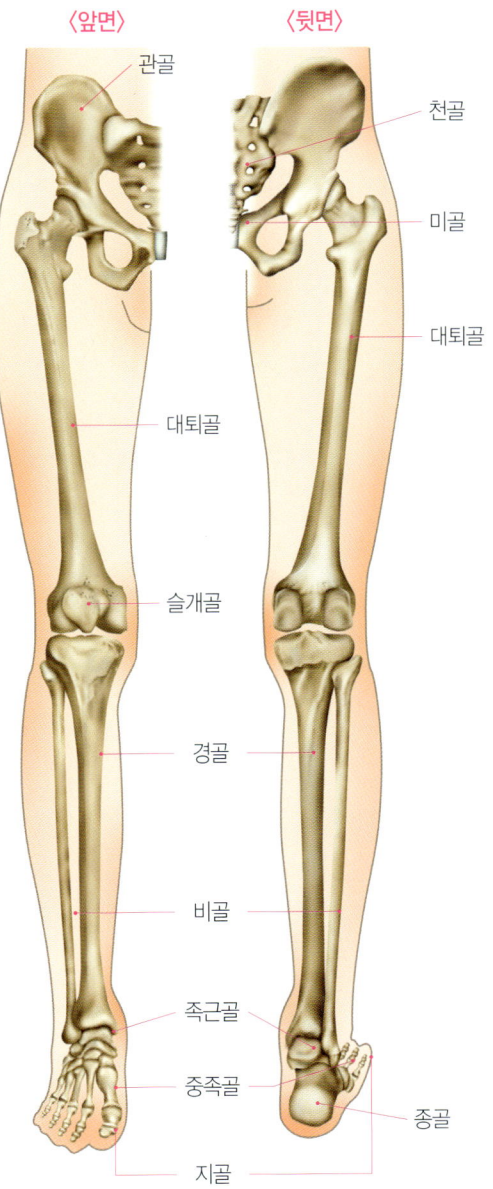

〈앞면〉　　〈뒷면〉

관골
천골
미골
대퇴골
대퇴골
슬개골
경골
비골
족근골
중족골
종골
지골

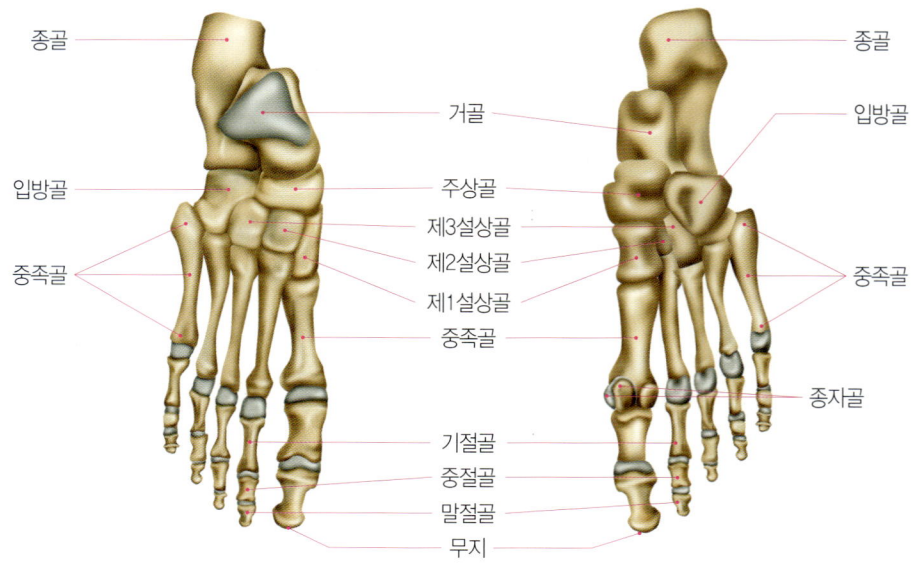

| 발의 골격 |

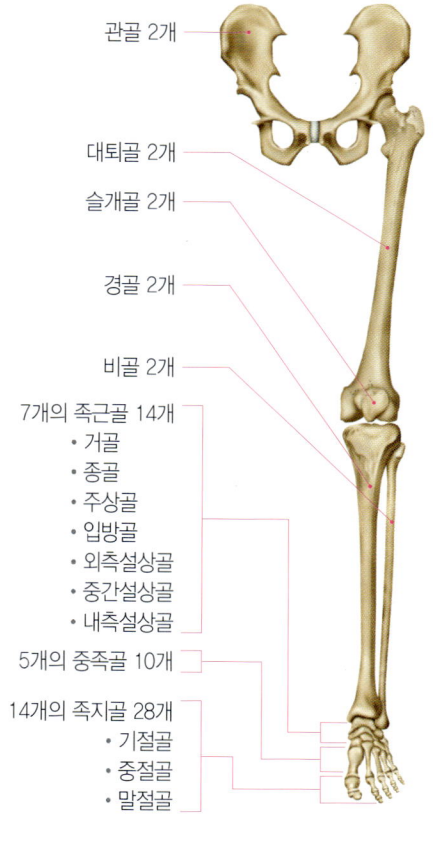

| 다리의 골격 |

하지골(다리뼈)		
하지대 (다리이음뼈)	관골(볼기뼈)	2개
자유하지골 (자유다리뼈)	대퇴골(넓다리뼈)	2개
	슬개골(무릎뼈)	2개
	경골(정강뼈)	2개
	비골(종아리뼈)	2개
	족근골(발목뼈)	14개
	종족골(발허리뼈)	10개
	지골(발가락뼈)	28개
	총 62개	

(2) 발·다리의 근육

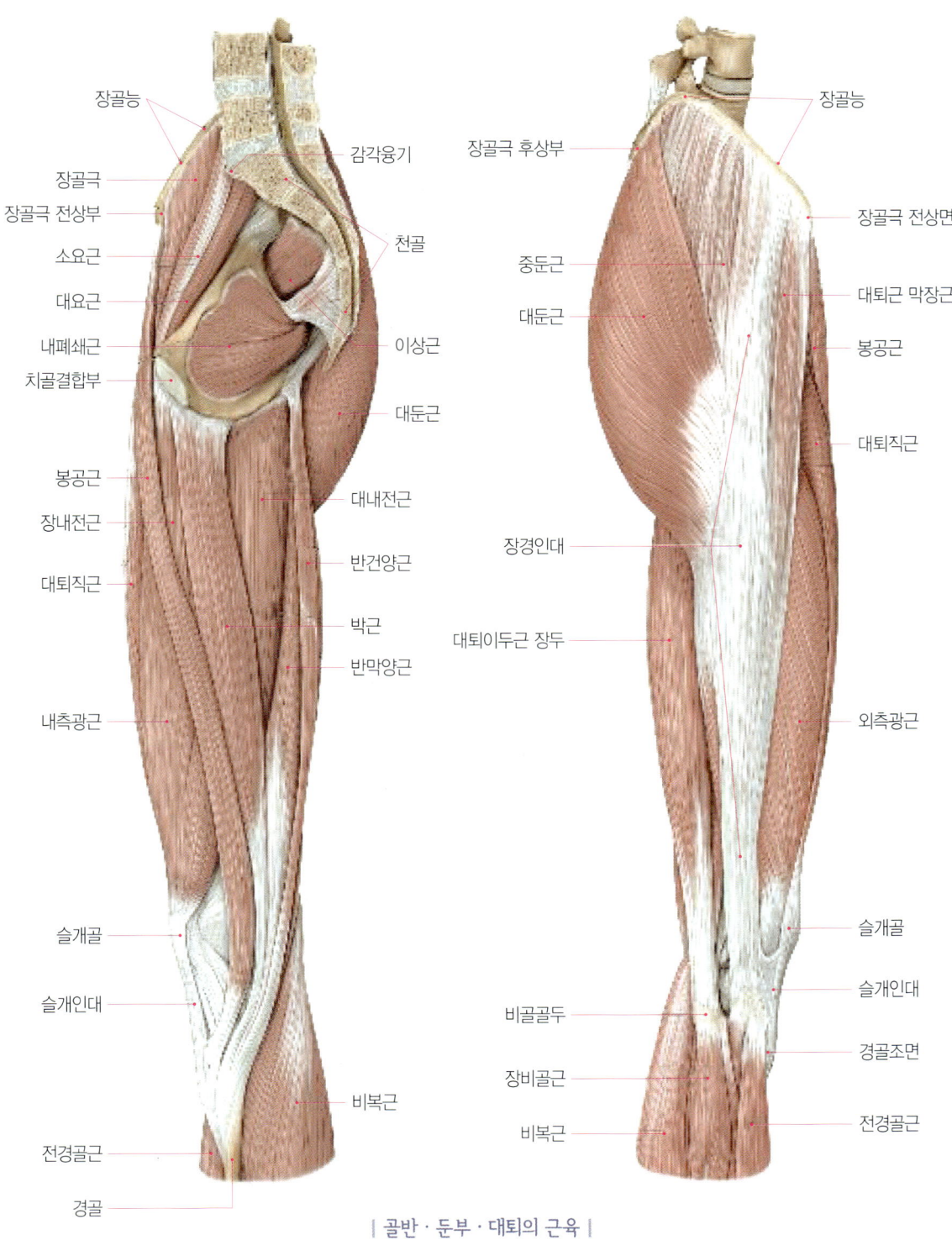

장골능
감각융기
장골극
장골극 전상부
소요근
대요근
천골
내폐쇄근
이상근
치골결합부
대둔근
봉공근
장내전근
대내전근
대퇴직근
반건양근
박근
반막양근
내측광근
슬개골
슬개인대
비복근
전경골근
경골

장골극 후상부
장골능
중둔근
장골극 전상면
대둔근
대퇴근 막장근
봉공근
대퇴직근
장경인대
대퇴이두근 장두
외측광근
슬개골
슬개인대
비골골두
경골조면
장비골근
전경골근
비복근

| 골반·둔부·대퇴의 근육 |

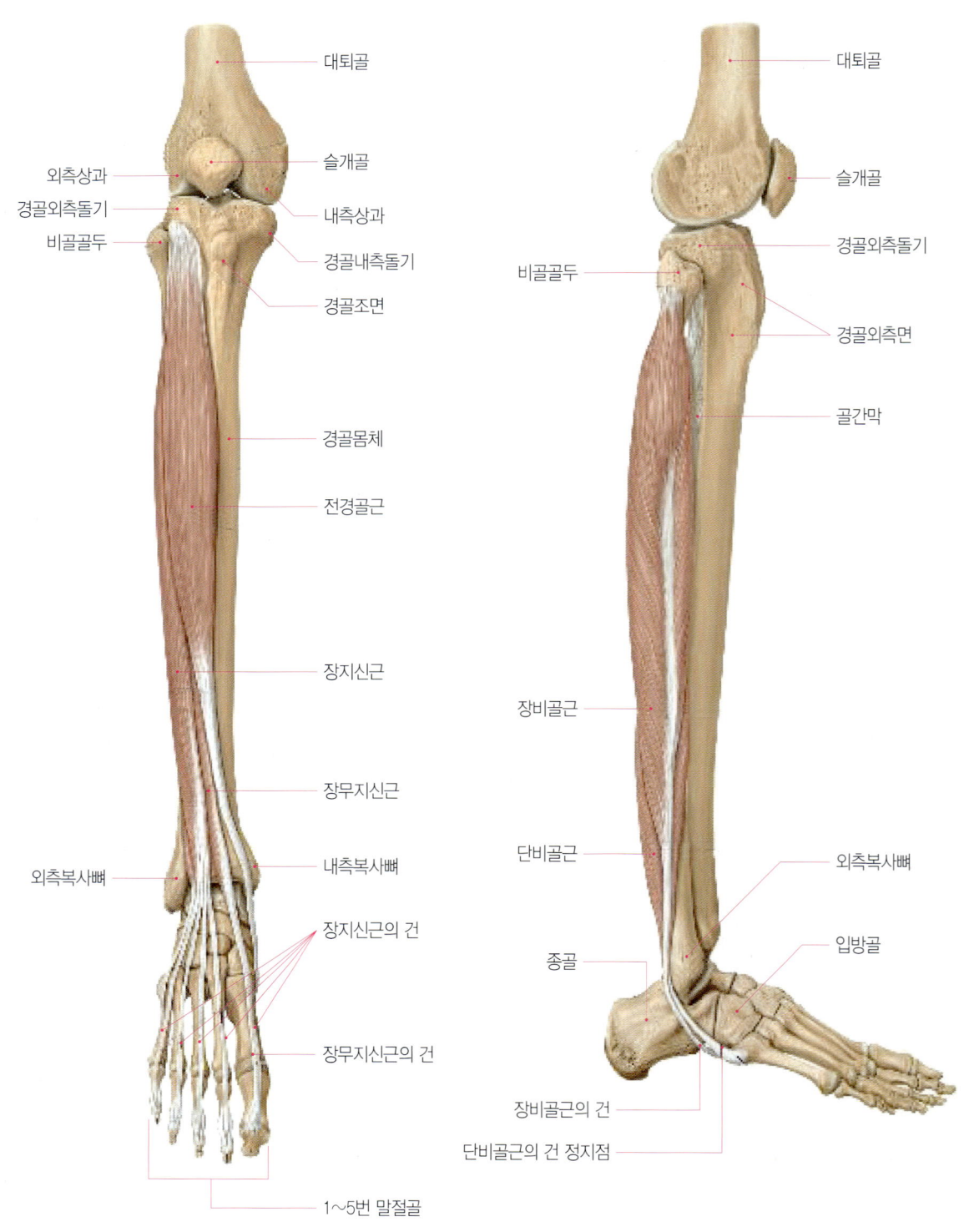

대퇴골

슬개골

외측상과

경골외측돌기

비골골두

내측상과

경골내측돌기

경골조면

경골몸체

전경골근

장지신근

장무지신근

외측복사뼈

내측복사뼈

장지신근의 건

장무지신근의 건

1∼5번 말절골

대퇴골

슬개골

경골외측돌기

비골골두

경골외측면

골간막

장비골근

단비골근

외측복사뼈

입방골

종골

장비골근의 건

단비골근의 건 정지점

| 하퇴 전면 근육 |

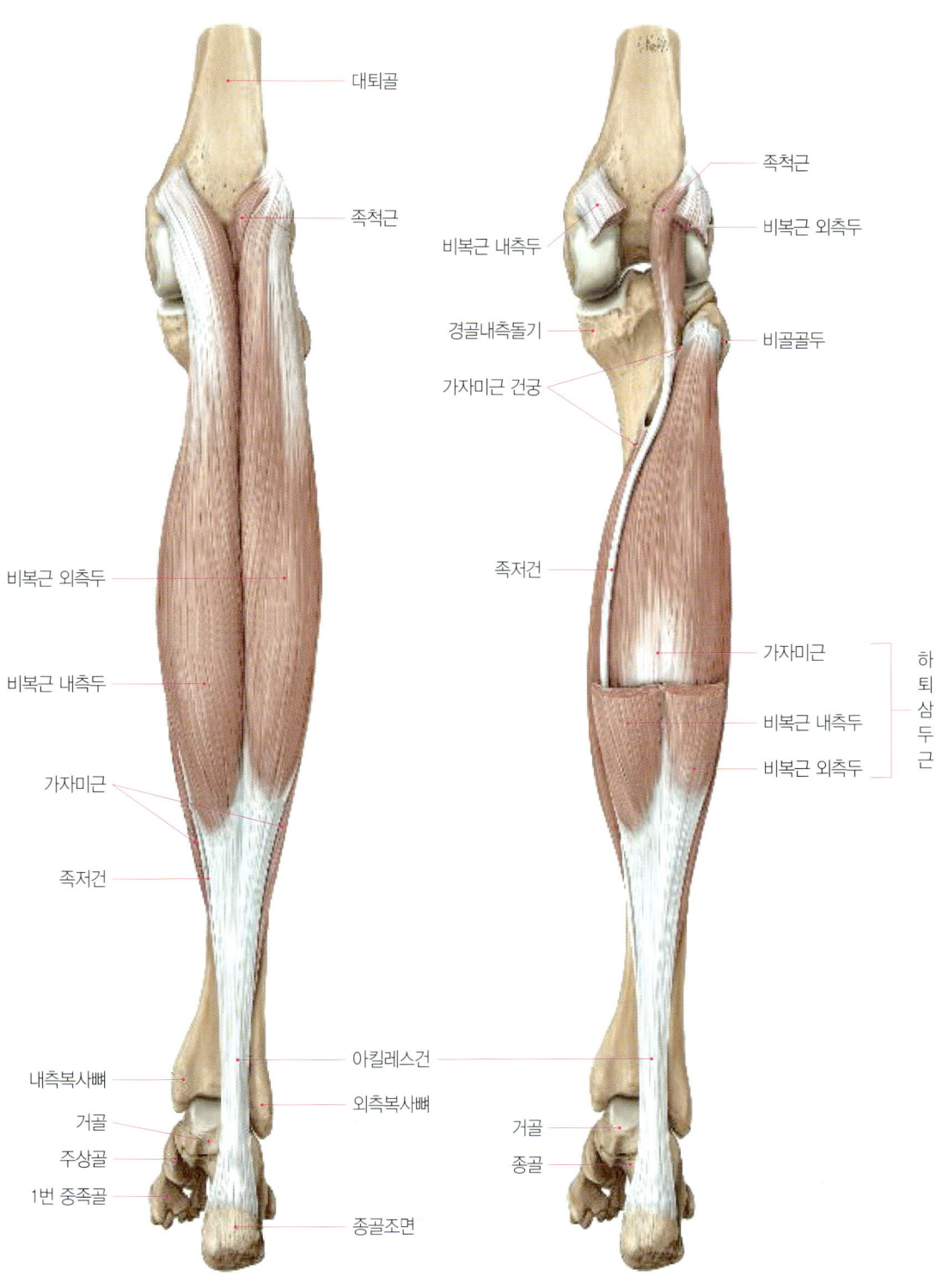

대퇴골

족척근

족척근

비복근 내측두

비복근 외측두

경골내측돌기

비골골두

가자미근 건궁

비복근 외측두

족저건

비복근 내측두

가자미근

하퇴삼두근

족저건

비복근 내측두

비복근 외측두

가자미근

족저건

내측복사뼈

아킬레스건

거골

외측복사뼈

거골

주상골

종골

1번 중족골

종골조면

| 하퇴 후면 근육 |

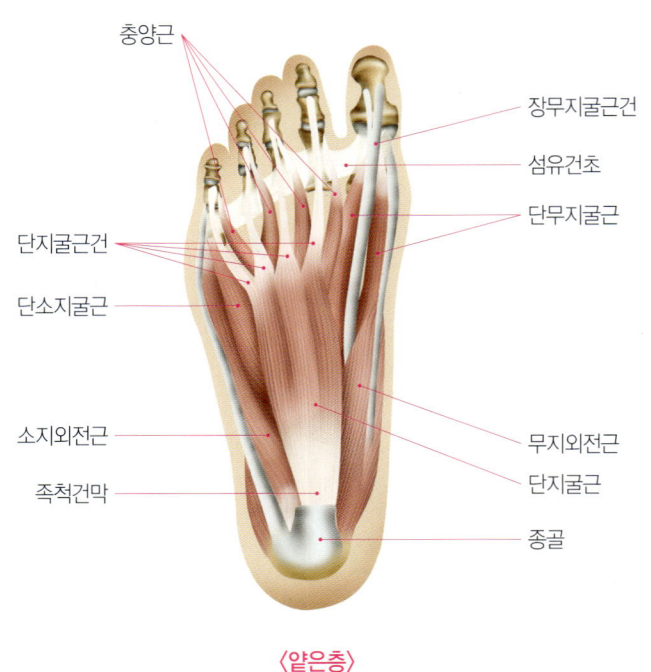

충양근

장무지굴근건

섬유건초

단무지굴근

단지굴근건

단소지굴근

소지외전근

족척건막

무지외전근

단지굴근

종골

〈얕은층〉

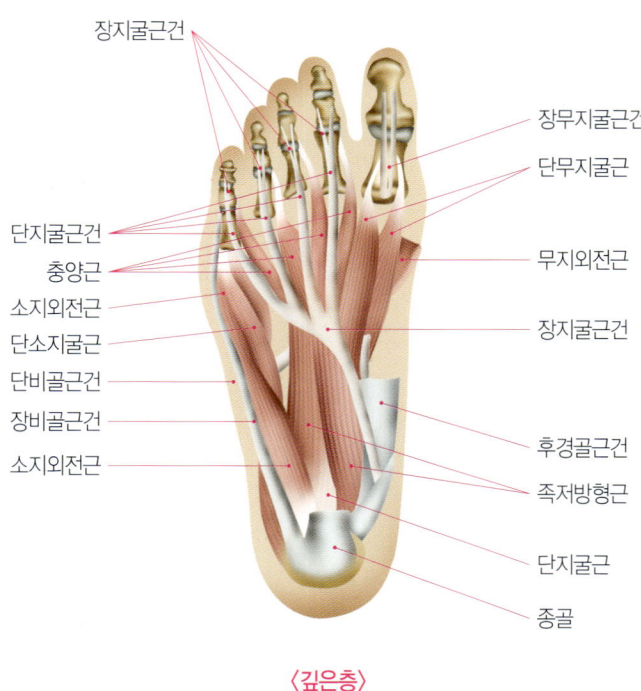

장지굴근건

장무지굴근건

단무지굴근

무지외전근

단지굴근건

충양근

소지외전근

단소지굴근

단비골근건

장비골근건

소지외전근

장지굴근건

후경골근건

족저방형근

단지굴근

종골

〈깊은층〉

| 발의 근육 |

4️⃣ 발·다리 매뉴얼 테크닉 30

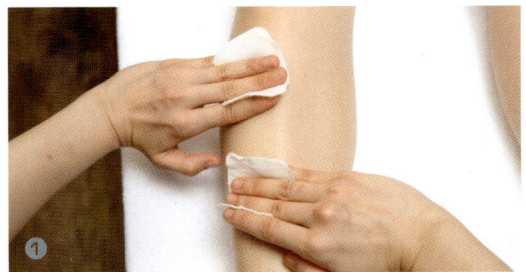

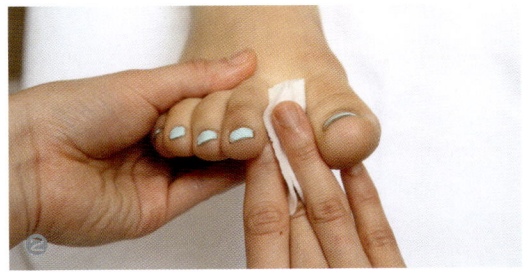

→ **01 클렌징하기**

화장솜에 토너를 적당량 묻혀서 다리 전체와
발가락 부분을 클렌징한다.

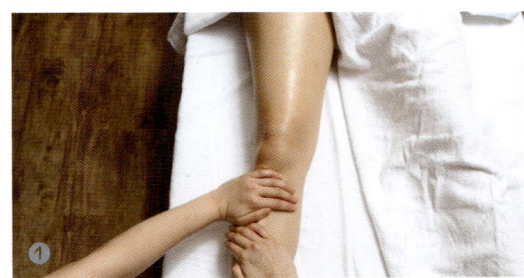

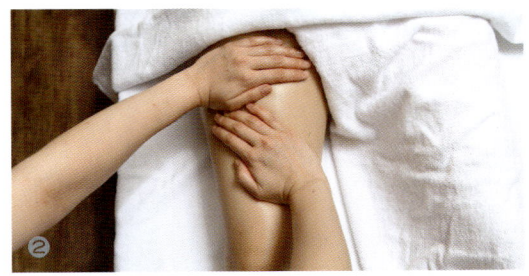

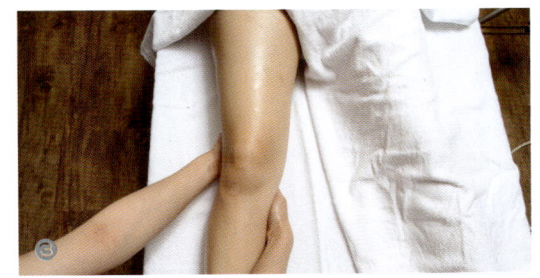

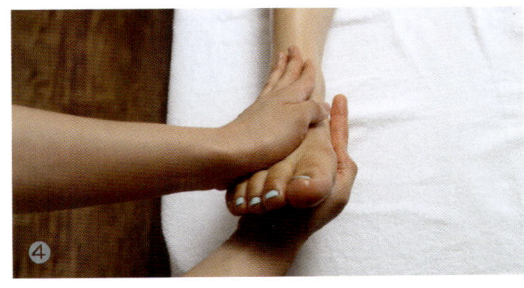

→ **02 오일 도포하기**

유리볼에 적당량의 오일을 덜어 준비한 후 다리
전체에 고르게 오일을 도포한다.

→ **03 다리 전체 쓰다듬기**

양손바닥을 이용해서 다리 전체를 쓰다듬어
준다.

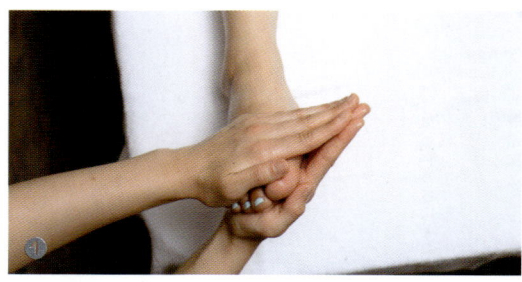

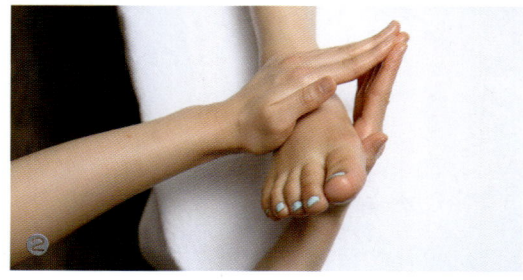

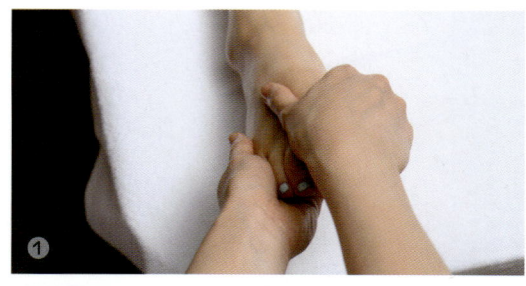

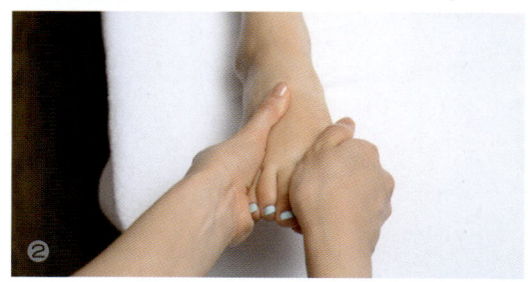

➔ **04 발등 · 발바닥 쓰다듬기**

　양손바닥을 이용해서 발등과 발바닥을 동시에
쓰다듬어준다.

➔ **06 발등 X자로 쓸어주기**

　엄지를 이용해서 발등을 반원을 그리듯 X자 모
양으로 쓸어준다.

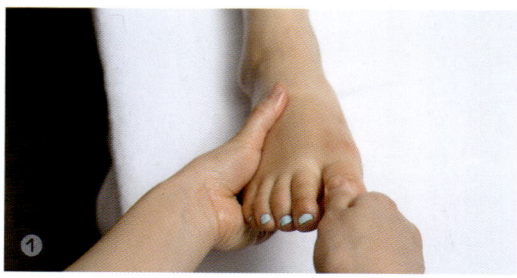

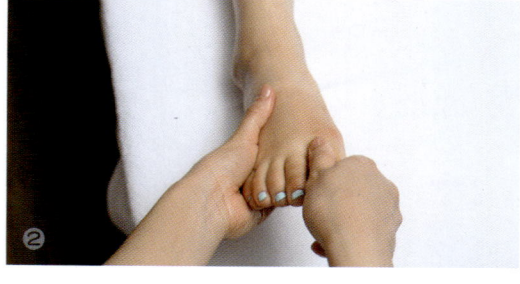

➔ **05 발가락 3회 원 그리고 문지르기**

　한손으로 발등 중앙 부분을 잡아주고, 다른 한손
으로 엄지와 나머지 손가락을 이용해서 발가락
끝 부분부터 원을 그려 문질러 올린 뒤 빼준다.

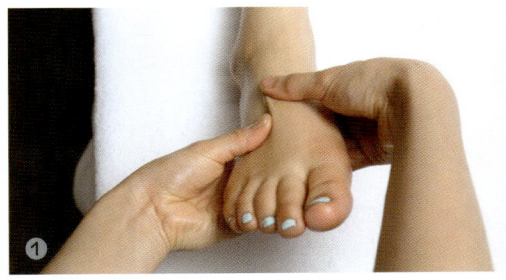

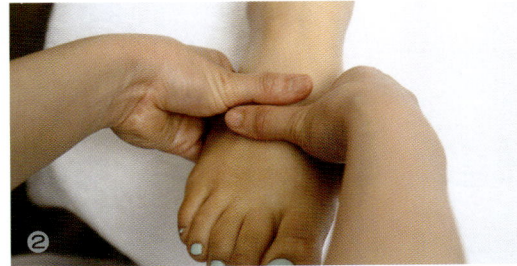

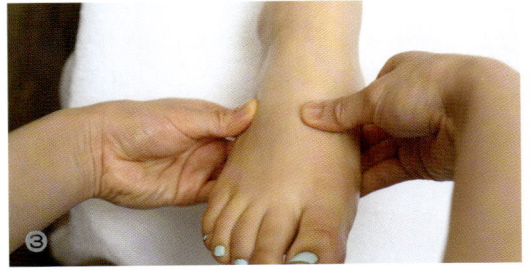

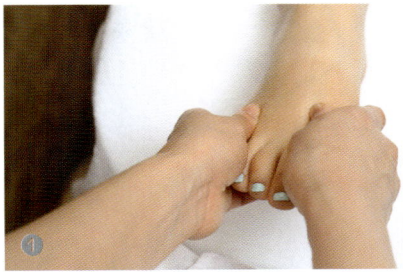

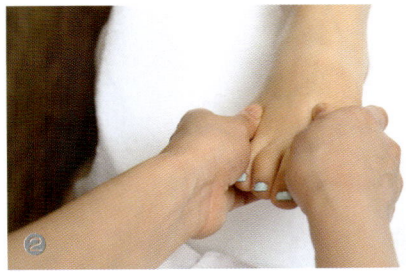

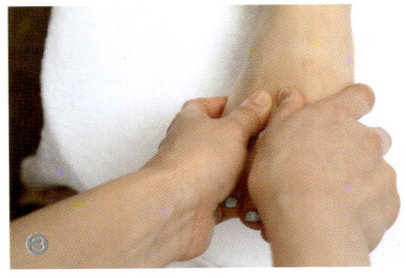

➔ 07 발등 중앙 엇갈리기

양손 엄지를 이용해 교차해서 발등 중앙 부분
을 엇갈리게 쓸어준다.

➔ 08 중족골 사이 엄지로 쓸어올리기

양손의 엄지로 중족골 사이를 동시에 쓸어올려
준다.

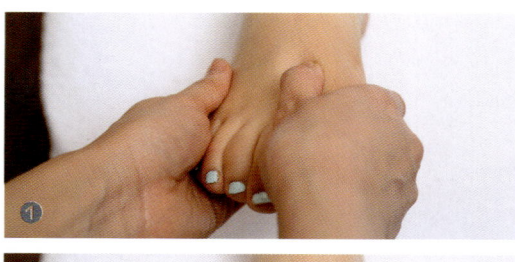

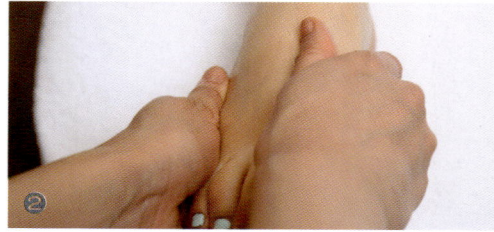

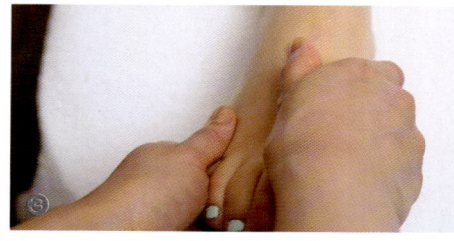

➜ 09 중족골 사이 원 그리고 쓸어내리기

한손은 발을 잡아주고, 다른 손 엄지를 이용해서 중족골 사이를 나선형으로 작은 원을 그리면서 올라갔다가 쓸어내려준다.

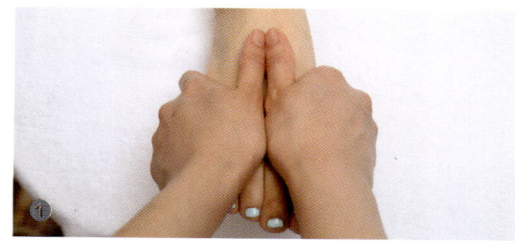

➜ 10 발등 사과 쪼개듯 2회 쓸어주기

양손을 이용해서 발등을 사과를 쪼개듯이 2회 쓸어준다.

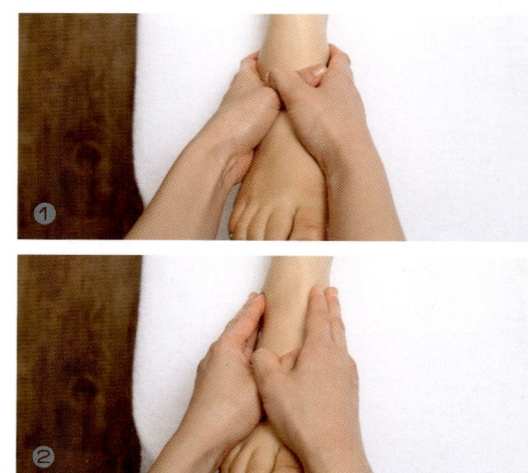

➜ 11 복사뼈 둥글리기

양손의 엄지를 제외한 나머지 손가락을 이용해서 복사뼈 주변을 둥글려준다.

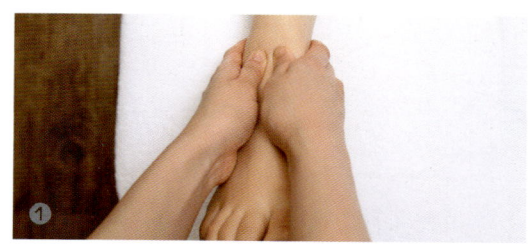

➜ 12 발목 11자 올려주기

양손의 엄지를 이용해서 발목을 11자 모양으로 동시에 올려준다.

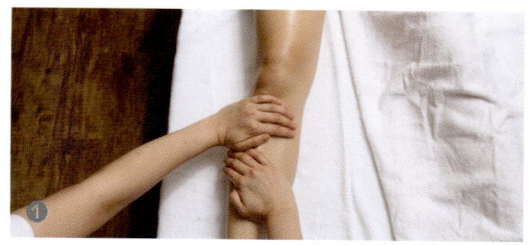

➜ 13 다리 전체 쓰다듬기

양손의 손바닥을 이용해서 다리 전체를 쓰다듬어준다.

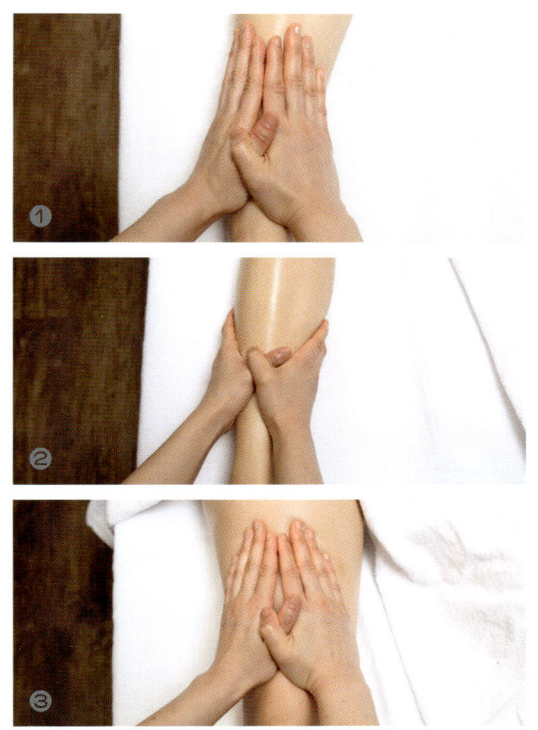

➜ 14 다리 전체 문지르기

양손바닥을 이용해서 발목에서부터 다리 전체를 올라가면서 나선형을 그리며 문질러준다.

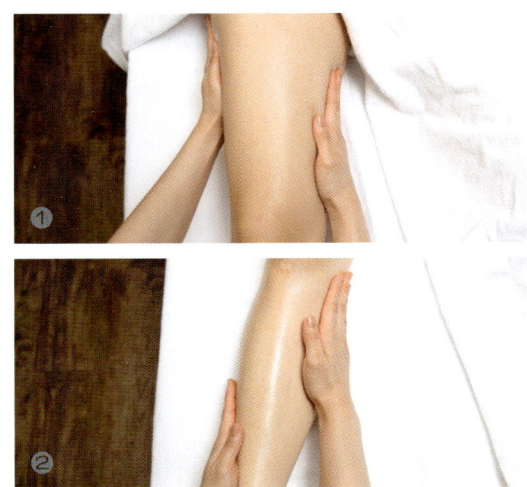

➜ 15 다리 전체 진동하기

손바닥을 밀착력 있게 마주 댄 상태에서 다리 내측과 외측을 진동하며 발목까지 내려온다.

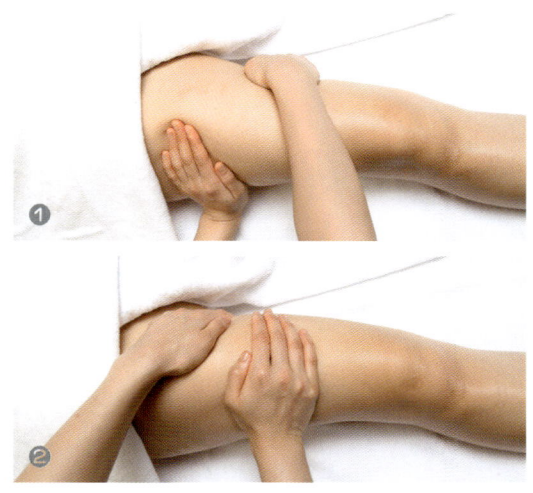

➜ 16 대퇴부 엇갈려 반죽하기

양손바닥을 이용해서 대퇴부 내측과 외측을 엇갈리게 반죽한다.

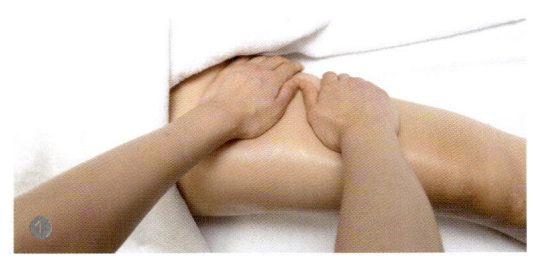

➜ 17 대퇴부 한쪽 방향 반죽하기

양손바닥을 이용해서 대퇴부 외측부터 내측까지 한쪽 방향으로 밀가루 반죽을 하듯이 반죽한다.

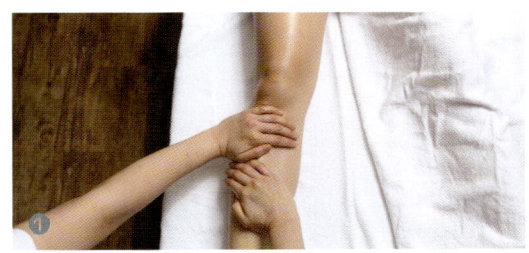

➜ 18 전체 쓰다듬기

다리를 자연스럽게 펴주며, 양손의 손바닥을 이용해서 다리 전체를 쓰다듬어준다.

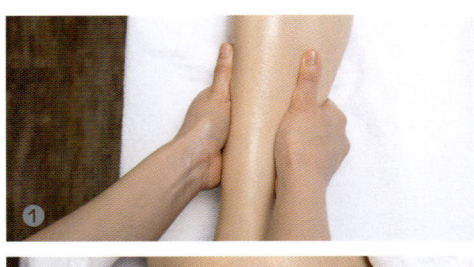

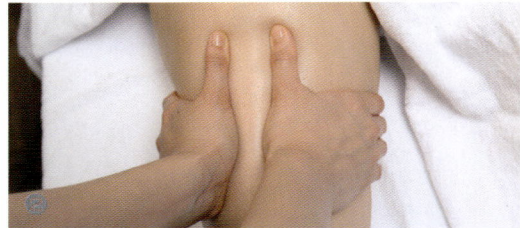

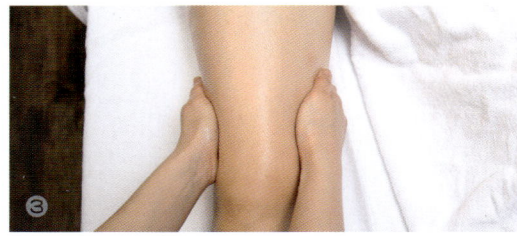

→ 19 다리 전체 사과 쪼개듯 쓸어내리기

양손을 이용해서 발등부터 시작해 무릎을 중심으로 다리 전체를 사과 쪼개듯이 쓸어주며 올라갔다가 다시 쓸어내린다.

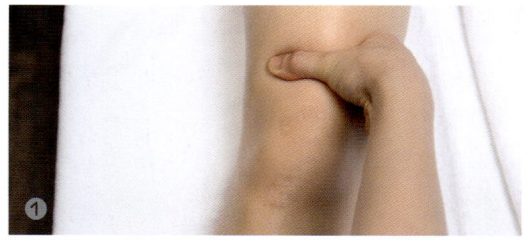

→ 20 오른손 이용 무릎 파기

왼손은 다리를 자연스럽게 잡고, 오른손의 손바닥을 밀착시켜 무릎의 슬개골까지 올린 후 오른손 엄지를 이용해서 오른쪽으로 무릎 슬개골 주위를 원을 그리듯 돌리며 파주듯이 쓸어준다.

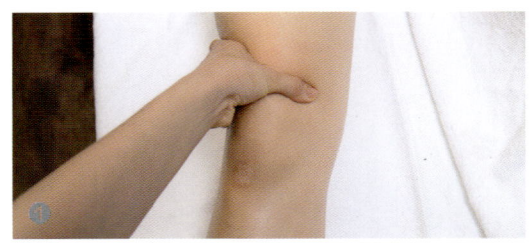

→ 21 왼손 이용 무릎 파기

오른손은 다리를 자연스럽게 잡고, 왼손의 손바닥을 밀착시켜서 무릎의 슬개골까지 올린 후 왼손 엄지를 이용해서 왼쪽으로 무릎 슬개골 주위를 원을 그리듯 돌리며 파주듯이 쓸어준다.

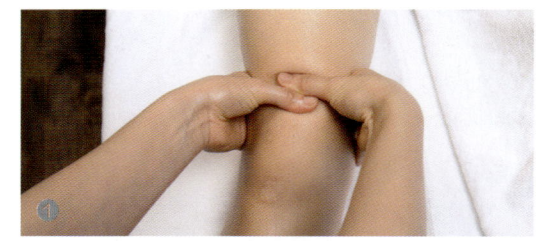

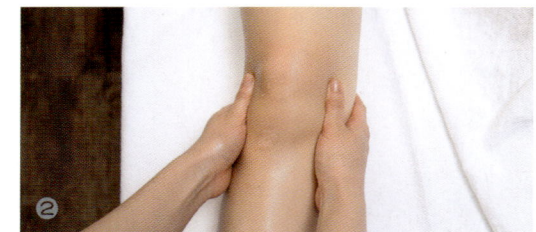

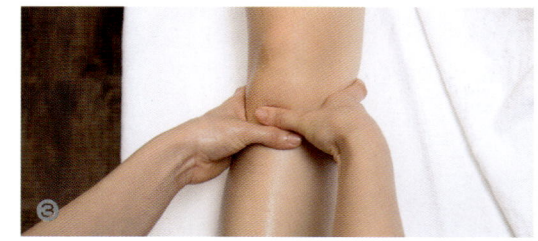

→ 22 양손 이용 무릎 파기

양손바닥을 밀착시켜서 무릎의 슬개골까지 올라간 다음 양손의 엄지를 이용해서 동시에 무릎의 슬개골을 파주듯이 쓸어준다.

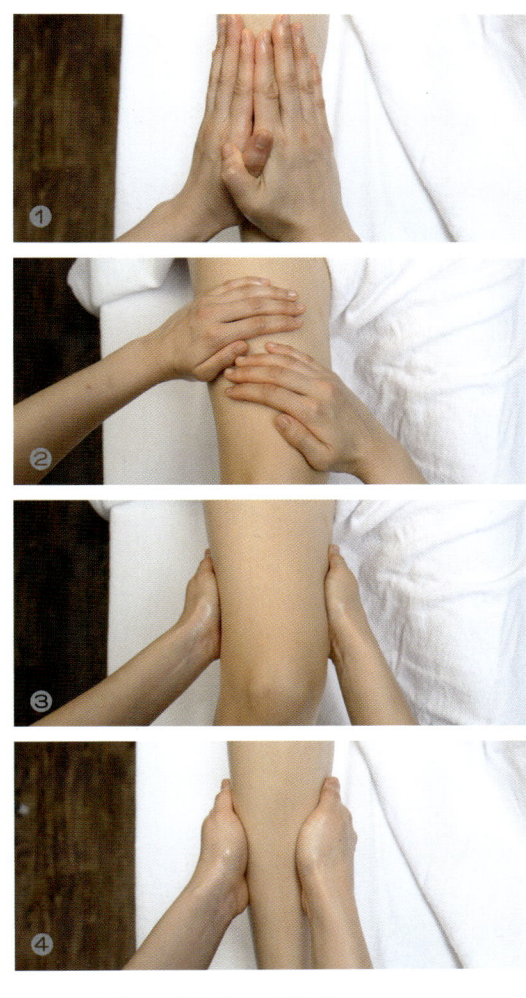

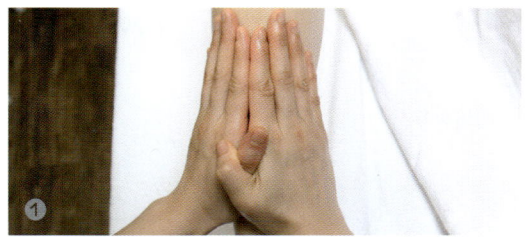

→ 24 다리를 세워서 문지르기

다리를 세워서 양손바닥을 이용해서 발목부터 무릎 밑부분 3회, 무릎 윗부분 3회 크게 원을 그리듯 문질러준다.

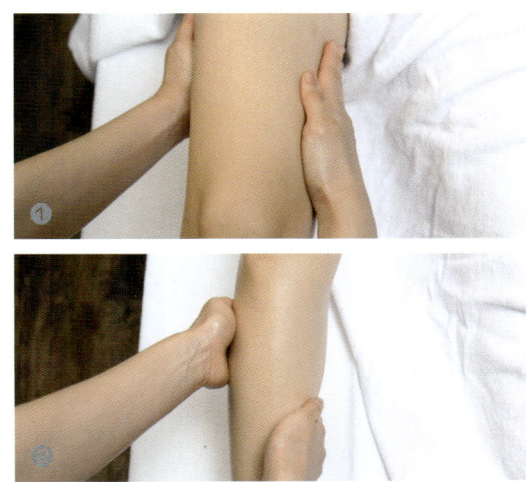

→ 23 다리를 세워서 쓰다듬기

다리를 세워서 양손바닥을 이용하여 무릎을 중심으로 발목부터 다리 전체를 두 곳으로 나누어 쓰다듬어준다.

→ 25 다리를 세워서 진동하기

다리를 세운 뒤 양손바닥을 밀착력 있게 마주 댄 상태에서 발목부터 올라가면서 진동한 뒤 쓰다듬어 내려온다.

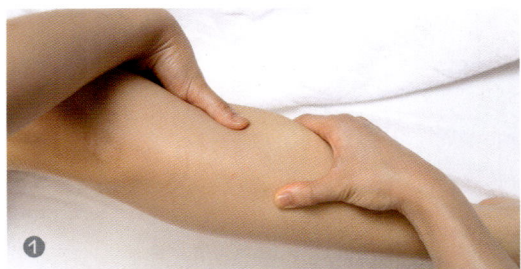

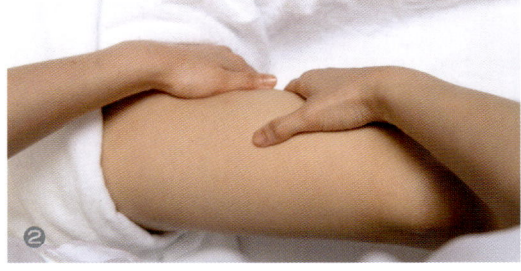

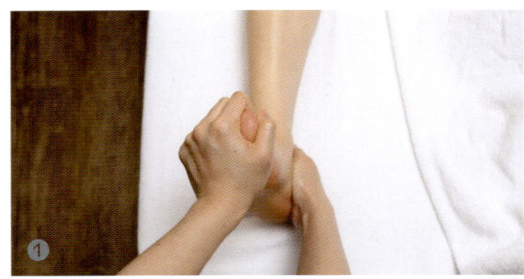

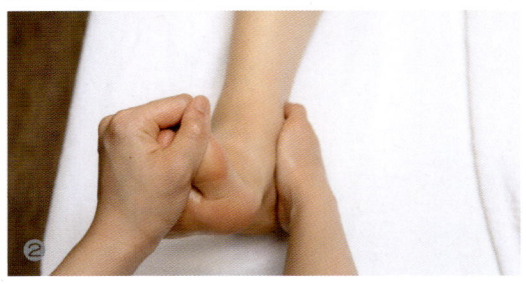

→ 26 다리 반죽하기

다리 전체를 양손을 이용해서 반죽한 뒤 쓰다
듬어 내려온다.

→ 27 발목 · 발가락 스트레칭하기

한손으로 발뒤꿈치를 당겨서 잡아주고, 다른
한손으로 발가락 전체를 뒤로 젖히면서 스트레
칭한다.

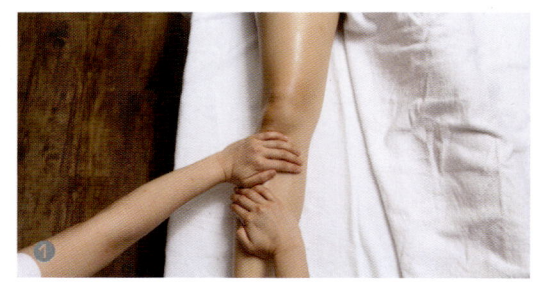

→ 28 전체 쓰다듬기

양손의 손바닥을 이용해서 다리 전체를 쓰다듬
어준다.

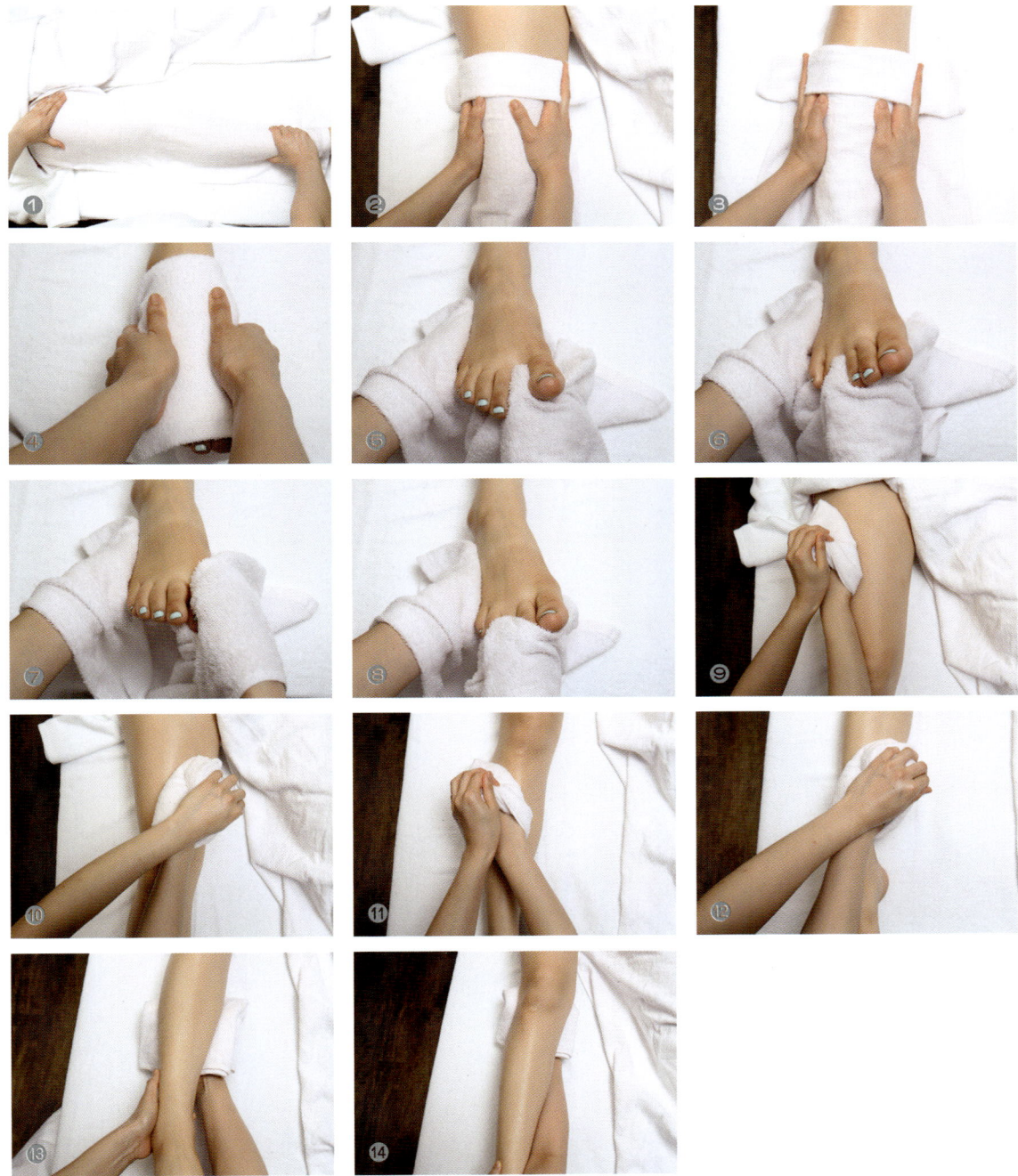

➔ 29 다리 전체 온습포로 닦기

　쟁반에 받쳐 온습포를 꺼내와 손목 안쪽에 온습포의 온도가 적당한지 체크하고, 다리 전체를 닦아준다.

➔ 30 피부결 정리하기

　화장솜에 토너를 적당량 묻혀서 다리전체와 발가락부분의 피부결을 잘 정리한다.

이해하기 쉬운
NCS 기반
전신 피부 관리

전신 피부 관리 부록

NCS 국가직무능력표준
표준 및 활용패키지

:01

chapter 01

체형 분석 차트

고객 작성		
• 성명	• 결혼유무	• 자녀수
• 생년월일	• 전화번호	
• 주소		• 직업

건강 상태(병력)					
• 상담전화	☐	• 금속핀 삽입 유무	☐	• 혈전증	☐
• 혈압	☐	• 당뇨	☐	• 간질	☐
• 최근 수술 여부	☐	• 정맥류	☐	• 알레르기	☐
• 피부상태	☐	• 최근 약물복용 여부	☐	• 기타	☐

고객 생활 습관

• 식습관
• 운동 :
• 기타 기호식품
• 미용제품
• 체형 관리 받은 경험

체형 평가 및 BMI

• 바디 타입			
endomoph(코끼리형) ☐	Mesomorph(호랑이형) ☐	Ectomorph(기린형) ☐	

• 키	몸무게	BMI	kg/(키|m)^2

• 근육톤	좋다	보통이다	나쁘다
대퇴(Thigh)	☐	☐	☐
복부(Abdomen)	☐	☐	☐
힙(Buttocks)	☐	☐	☐

• 관리 목적

관리 계획

- 기기사용
- Massage

홈 케어 조언

- 운동
- 식사
- 살롱 관리 및 제품

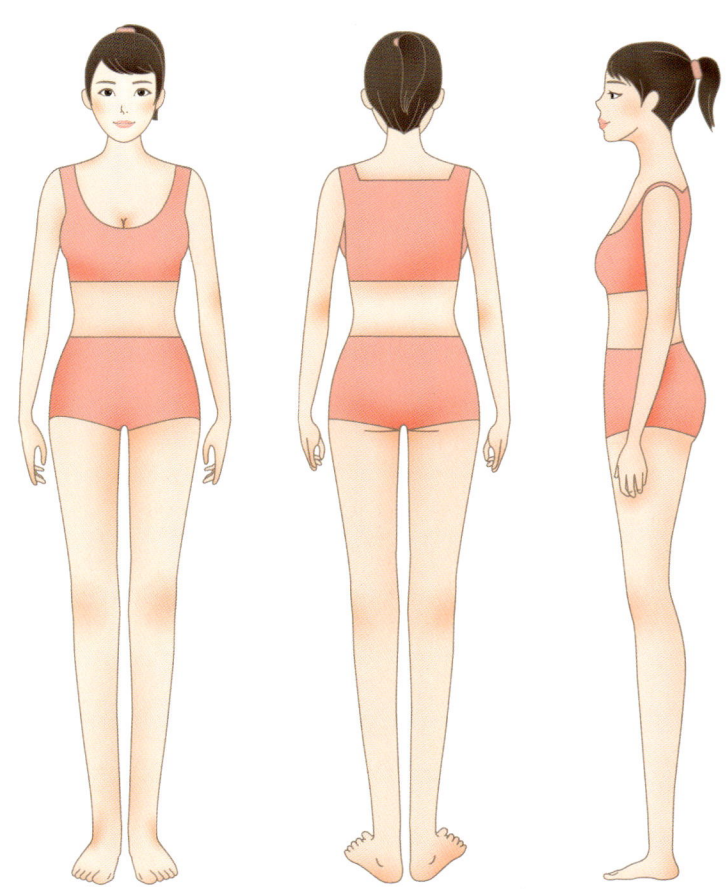

둘레 측정		전신 피부 상태 표시
• 가슴		지방 ××××××× 셀룰라이트 ######## 튼살 ///////////////// 근육탄력이 약한 부분 △△△△△△△△△ ※ 사마귀, 반점, 모세혈관확장, 정맥류 등 문제가 있는 곳에 표시 할 것 ※ 자세에 문제가 있는 곳에 표시할 것
• 허리		
• 골반		
• 둔부		
• 대퇴(오른쪽)		
• 대퇴(왼쪽)		

chapter 02

국가직무능력표준(NCS)

소분류 : 이·미용 서비스 | 세분류(직무) : 피부미용

1+ 직무 개요

(1) 직무 정의

피부미용은 고객의 상담과 피부분석을 통하여 안정감 있고 위생적인 환경에서 얼굴과 전신의 피부를 미용기기와 화장품 등을 이용하여 서비스를 제공하고 피부미용에 대한 업무수행을 기획, 관리하는 일이다.

(2) 능력단위

순번	능력단위	페이지
1	피부미용 고객 상담	
2	피부미용 피부 분석	
3	얼굴 관리	
4	전신 관리	
5	피부미용 특수 관리	
6	피부미용 고객 마무리 관리	
7	피부미용 기기 활용	
8	피부미용 기구 활용	
9	피부미용 화장품 사용	
10	피부미용 위생 관리	
11	피부미용 샵 경영 관리	

(3) 능력단위별 능력단위요소

분류번호	능력단위(수준)	능력단위요소	수준
1201010201-14v2	피부미용 고객 상담	방문동기 파악하기	6
		고객 관리차트 작성하기	5
		고객 응대하기	6
		고객 정보 처리하기	6
1201010202-14v2	피부미용 피부 분석	클렌징하기	2
		피부 상태 분석평가하기	4
		피부 관리계획 작성하기	4
1201010203-14v2	얼굴 관리	얼굴 클렌징하기	2
		눈썹정리하기	2
		얼굴 딥클렌징하기	3
		매뉴얼 테크닉하기	3
		영양물질 도포하기	2
		얼굴 팩 · 마스크하기	3
		얼굴 관리 마무리하기	2
1201010204-14v2	전신 관리	몸매분석하기	3
		전신 클렌징하기	2
		전신 딥클렌징하기	2
		등 관리하기	3
		복부 관리하기	3
		손 · 팔 관리하기	3
		발 · 다리 관리하기	3
		가슴 관리하기	3
		전신 팩 · 마스크하기	3
		전신 관리 마무리하기	2
1201010205-14v2	피부미용 특수 관리	제모하기	3
		림프 관리하기	4
		눈썹미용 관리하기	3
		아로마 관리하기	4
		스톤테라피하기	5
		뱀부(대나무)테라피하기	5
		한국형 특수 관리하기	4
		두피 관리하기	4

분류번호	능력단위(수준)	능력단위요소	수준
1201010206-14v2	피부미용 고객 마무리 관리	관리 후 상담하기	3
		고객 유지 관리하기	4
		홈케어 조언하기	3
1201010207-14v2	피부미용 기기 활용	직류를 이용한 피부미용 기기사용하기	4
		교류를 이용한 피부미용 기기사용하기	4
		음파를 이용한 피부미용 기기사용하기	4
1201010208-14v2	피부미용 기구 활용	압력를 이용한 피부미용 기구사용하기	2
		색채, 빛, 온도를 이용한 피부미용 기구사용하기	3
		물을 이용한 피부미용 기구사용하기	2
		열을 이용한 피부미용 기구사용하기	3
		물리적인 힘을 이용한 피부미용 기구사용하기	3
1201010209-14v2	피부미용 화장품 사용	화장품 분류하기	2
		기초화장품 사용하기	2
		기능성화장품 사용하기	2
		색조화장품 사용하기	2
		두피화장품 사용하기	2
		전신화장품 사용하기	2
		방향성화장품 사용하기	2
1201010210-14v2	피부미용 위생 관리	피부미용 작업장 위생 관리하기	2
		피부미용 비품 위생 관리하기	2
		직원 위생 관리하기	2
1201010211-14v2	피부미용 샵 경영 관리	샵 마케팅 기획하기	7
		프로그램 개발하기	6
		정보수집 관리하기	5
		직원 관리하기	7

2 능력단위별 세부내용

분류번호 : 1201010204-14v2

능력단위 명칭 : 전신 관리

능력단위 정의 : 몸매를 분석한 후 전신을 클렌징, 딥클렌징을 한 후 부위별 매뉴얼 테크닉을 실시하고 영양물질 도포, 팩·마스크를 실시한 후 마무리할 수 있는 능력이다.

능력단위요소	수행준거
1201010204-14v2.1 **몸매분석하기**	1.1 고객의 현재 몸매 상태를 파악할 수 있다. 1.2 선천적 몸매와 잘못된 습관에 의해 만들어진 몸매를 구분할 수 있다. 1.3 몸매 부위별 문제점을 파악하고 부위별 체형에 대해 분류 할 수 있다. 1.4 분석결과에 따라 전신 관리 계획을 수립할 수 있다. **【지식】** • 근골격계 · 해부생리 • 피부 관리에 관한 지식 • 피부 미용 기기에 관한 지식 **【기술】** • 신체구조 및 장 · 단점을 파악하는 능력 • 부위별 체형에 대한 분류 능력 • 전신 관리 계획 수립 능력 **【태도】** • 고객의 심리적 안정감을 주려는 의지
1201010204-14v2.2 **전신 클렌징하기**	2.1 전신 부위별 피부 유형에 따라 클렌징 방법과 제품을 선택할 수 있다. 2.2 전신 피부 유형에 맞는 제품과 테크닉으로 클렌징할 수 있다. 2.3 온습포 또는 경우에 따라 냉습포로 닦아내고 토닉으로 정리할 수 있다. **【지식】** • 기초화장품 종류 및 성분 • 전신 피부 미용 관리에 관한 지식 • 위생과 소독 방법 • 전신 피부 유형에 관한 지식 **【기술】** • 클렌징 테크닉 능력 • 위생 관리 능력 • 습포사용 능력 **【태도】** • 고객이 편안히 이완할 수 있도록 배려하려는 의지 • 위생적으로 고객을 배려하려는 의지 • 고객의 반응을 살피려는 의지

능력단위요소	수행준거
1201010204-14v2.3 **전신 딥클렌징하기**	3.1 전신 피부 유형별 딥클렌징 제품을 선택할 수 있다. 3.2 딥클렌징 제품의 특성에 따라 전신 피부 유형에 맞게 적용하여 사용할 수 있다. 3.3 해당 미용기기를 활용할 수 있다. 【지식】 • 딥클렌징 제품과 피부미용기기에 관한 지식 • 위생과 소독 방법 • 피부의 구조와 생리 • 기초화장품 종류 및 성분 【기술】 • 전신 피부 유형에 따른 딥클렌징제품 선택 능력 • 물리적 · 화학적방법 적용 능력 • 미용기기 활용 능력 【태도】 • 고객이 편안히 이완할 수 있도록 배려하려는 의지 • 위생적으로 고객을 배려하려는 의지 • 고객의 반응을 살피려는 의지
1201010204-14v2.4 **등 관리하기**	4.1 등 피부 유형에 맞는 제품을 선택할 수 있다. 4.2 등의 상태를 파악하고 목적에 맞는 매뉴얼 테크닉을 적용할 수 있다. 4.3 시간, 속도, 리듬, 밀착, 세기를 고려하여 등 매뉴얼 테크닉을 구사할 수 있다. 【지식】 • 피부에 관한 지식 • 근골격계 · 해부생리 • 위생소독 방법 • 피부 관리에 관한 지식 • 기초화장품 종류 · 성분 및 사용법 • 피부미용 기기에 관한 지식 • 매뉴얼 테크닉에 관한 지식 【기술】 • 쓸어서 펴바르기 능력 • 밀착하여 펴바르기 능력 • 어루만져 펴바르기 능력 • 토닥토닥 펴바르기 능력 • 떨며 펴바르기 능력 【태도】 • 고객을 편안하고 안정적으로 배려하는 의지 • 신체부위 노출을 삼가려는 의지

능력단위요소	수행준거
1201010204-14v2.5 **복부 관리하기**	5.1 고객의 복부 상태에 따른 금기사항을 파악할 수 있다. 5.2 복부 피부 유형에 맞는 제품을 선택할 수 있다. 5.3 복부의 상태를 파악하고 목적에 맞는 복부 매뉴얼 테크닉을 적용할 수 있다. 5.4 시간, 속도, 리듬, 밀착, 세기를 고려하여 복부 매뉴얼 테크닉을 구사할 수 있다. 【지식】 • 피부에 관한 지식 • 근골격계 · 해부생리 • 위생소독 방법 • 피부 관리에 관한 지식 • 기초화장품 종류 및 성분 • 피부미용 기기에 관한 지식 • 매뉴얼 테크닉에 관한 지식 【기술】 • 쓸어서 펴바르기 능력 • 밀착하여 펴바르기 능력 • 어루만져 펴바르기 능력 • 토닥토닥 펴바르기 능력 • 떨며 펴바르기 능력 【태도】 • 고객을 편안하고 안정적으로 배려하는 의지 • 신체부위 노출을 삼가려는 의지
1201010204-14v2.6 **손 · 팔 관리하기**	6.1 손, 팔 피부 유형에 맞는 제품을 선택할 수 있다. 6.2 손, 팔의 상태를 파악하고 목적에 맞는 매뉴얼 테크닉을 구사할 수 있다. 6.3 시간, 속도, 리듬, 밀착, 세기를 고려하여 손, 팔 매뉴얼 테크닉을 구사할 수 있다. 6.4 손끝에서 어깨까지 매뉴얼 테크닉을 적용할 수 있다. 【지식】 • 피부에 관한 지식 • 근골격계 · 해부생리 • 위생소독 방법 • 피부 관리에 관한 지식 • 기초화장품 종류 및 성분 • 피부미용 기기에 관한 지식 • 매뉴얼 테크닉에 관한 지식 【기술】 • 쓸어서 펴바르기 능력 • 밀착하여 펴바르기 능력 • 어루만져 펴바르기 능력 • 토닥토닥 펴바르기 능력 • 떨며 펴바르기 능력 【태도】 • 고객을 편안하고 안정적으로 배려하는 의지 • 신체부위 노출을 삼가려는 의지

능력단위요소	수행준거
1201010204–14v2.7 **발 · 다리 관리하기**	7.1 고객의 발, 다리 피부를 파악하여 금기해야할 관리를 피할 수 있다. 7.1 발, 다리 피부 유형에 맞는 제품을 선택할 수 있다. 7.2 발, 다리의 상태를 파악하고 목적에 맞는 매뉴얼 테크닉을 적용할 수 있다. 7.3 시간, 속도, 리듬, 밀착, 세기를 고려하여 발, 다리 매뉴얼 테크닉을 구사할 수 있다. 7.4 발부터 둔부까지 매뉴얼 테크닉을 적용 할 수 있다.
	【지식】 • 피부에 관한 지식 • 근골격계 · 해부생리 • 위생소독 방법 • 피부 관리에 관한 지식 • 기초화장품 종류 및 성분 • 피부미용 기기에 관한 지식 • 매뉴얼 테크닉에 관한 지식 **【기술】** • 쓸어서 펴바르기 능력 • 밀착하여 펴바르기 능력 • 어루만져 펴바르기 능력 • 토닥토닥 펴바르기 능력 • 떨며 펴바르기 능력 **【태도】** • 고객을 편안하고 안정적으로 배려하는 의지 • 신체부위 노출을 삼가려는 의지 • 고객의 반응을 살피려는 의지
1201010204–14v2.8 **가슴 관리하기**	8.1 고객의 가슴피부를 파악하여 금기해야할 관리와 유두부위를 피할 수 있다. 8.2 가슴 피부 유형에 맞는 제품을 선택할 수 있다. 8.3 가슴의 형태를 파악하고 목적에 맞는 매뉴얼 테크닉을 적용할 수 있다. 8.4 시간, 속도, 리듬, 밀착, 세기를 고려하여 가슴 매뉴얼 테크닉을 구사할 수 있다.
	【지식】 • 피부에 관한 지식 • 근골격계 · 해부생리 • 위생소독 방법 • 피부 관리에 관한 지식 • 기초화장품 종류 및 성분 • 피부미용 기기에 관한 지식 • 매뉴얼 테크닉에 관한 지식 **【기술】** • 쓸어서 펴바르기 능력 • 밀착하여 펴바르기 능력 • 어루만져 펴바르기 능력 • 토닥토닥 펴바르기 능력 • 떨며 펴바르기 능력

능력단위요소	수행준거
1201010204-14v2.8 **가슴 관리하기**	**【태도】** • 고객을 편안하고 안정적으로 배려하는 의지 • 신체부위 노출을 삼가려는 의지
1201010204-14v2.9 **전신** **팩 · 마스크하기**	9.1 전신 피부 유형에 따른 팩과 마스크종류를 선택 할 수 있다. 9.2 제품성질에 맞게 팩과 마스크를 사용할 수 있다. 9.3 관리 후 팩과 마스크를 안전하게 제거할 수 있다. **【지식】** • 위생과 소독 방법 • 화장품 종류 · 성분 및 사용법 • 피부구조와 생리 **【기술】** • 팩과 마스크 선택 및 사용 능력 • 팩과 마스크 제거 능력 **【태도】** • 고객을 편안하고 안정적으로 배려하는 의지 • 고객을 배려하는 태도
1201010204-14v2.10 **전신 관리 마무리하기**	10.1 전신 관리가 끝난 후 토닉으로 피부정리를 할 수 있다. 10.2 고객의 전신 피부 유형에 따른 기초화장품류를 선택할 수 있다. 10.3 해당부위에 맞는 제품을 선택 후 특성에 따라 적용할 수 있다. 10.4 피부손질이 끝난 후 전신을 가볍게 이완할 수 있다. **【지식】** • 보습, 화장품 종류 · 성분 및 사용법 • 피부 유형에 대한 지식 • 피부구조와 생리 **【기술】** • 제품 바르는 능력 • 근육이완 능력 (핸드 드라이) • 습포 사용 능력 **【태도】** • 고객의 선호도에 따른 화장품의 사용량을 조절하려는 의지 • 잔여물이 남지 않도록 노력하려는 의지

적용범위 및 작업상황

○ 고려사항

- 이 능력단위는 몸매분석을 하여 전신 부위별 클렌징, 딥클렌징, 부위별 관리, 팩, 마스크 사용, 마무리 작업의 전신 관리를 수행하는 직무에 적용한다.
- 이 능력단위에서의 전신 관리란 손·팔, 복부, 등, 발·다리, 가슴 부위 관리를 말한다.
- 이 능력단위의 몸매분석이란 현재 신체부위를 파악하여 문제점 분석을 하고 체형을 분류하여 전신 관리에 적용하는 것이다.
- 이 능력단위의 딥클렌징이란 물리적·화학적 방법을 활용하여 적용한다.
- 이 능력단위의 전신 매뉴얼 테크닉이란 고객의 피부상태를 파악하여 각 부위별로 속도, 리듬, 밀착, 세기, 시간 등을 고려하여 5가지 동작인 쓸어서 펴바르기, 밀착하여 펴바르기, 어루만져 펴바르기, 토닥토닥 펴바르기, 떨며 펴바르기 등을 적용하여 수행하는 업무를 말한다.
- 이 능력단위는 미용 기기를 적용하여 전신 관리를 수행하는 업무를 포함한다.
- 이 능력단위에서 팩·마스크 하기란 피부유형에 따른 제품을 사용하여 노폐물을 배출시키는 업무를 포함한다.
- 이 능력단위인 전신 관리는 모든 과정을 습포로 위생적으로 닦아내는 것을 포함한다.

○ 자료 및 관련 서류

- 제품 안내 책자
- 미용 기기 사용 설명서
- 사용 제품 설명서
- 관련 참고 도서
- 화장품이나 피부미용 전문잡지 및 신문
- 인터넷을 통한 전문 채널
- 비디오, DVD 등의 시청각 자료

○ 장비 및 도구

- 피부미용에 사용되는 기본 화장품
- 냉·온 타올
- 온장고·냉장고
- 자외선 소독기

- 컴퓨터 및 주변 기기
- 미용 기기 및 기구
- 피부 관리 비품
- 피부 관리 제품

O 재료

- 피부미용에 사용되는 기초화장품류
- 딥클린징 제품(효소, 스크럽, AHA, 고마쥐 타입)
- 클렌징 제품
- 토닉
- 팩 · 마스크
- 온습포 · 냉습포

평가지침

O 평가 방법

- 평가자는 능력단위 전신 관리의 수행준거에 제시되어 있는 내용을 평가하기 위해 이론과 실기를 나누어 평가하거나 종합적인 결과물의 평가 등 다양한 평가 방법을 사용할 수 있다.
- 피평가자의 과정평가 및 결과평가 방법

평가 방법	평가유형	
	과정평가	결과평가
A 포트폴리오		
B 문제해결 시나리오	V	V
C 서술형시험		
D 논술형시험		
E 사례연구		V
F 평가자 질문	V	V
G 평가자 체크리스트	V	V
H 피평가자 체크리스트		
I 일지 · 저널		

평가 방법	평가유형	
	과정평가	결과평가
J 역할연기		
K 구두발표		
L 작업장평가	V	V
M 기타		

⭕ 평가시 고려사항

- 수행준거에 제시되어 있는 내용을 성공적으로 수행할 수 있는지를 평가해야 한다.
- 평가자는 다음 사항을 평가해야 한다.
  - 고객이 편안하고 안정될 수 있는 분위기 조성 능력
  - 재료의 온도가 적절하게 조절 할 수 있는 능력
  - 몸매형태를 파악하고 측정 할 수 있는 능력
  - 각 제품의 주요 성분과 관리 목적 파악 능력
  - 문진, 견진, 촉진을 통해서 피부를 관찰할 수 있는 능력
  - 모든 과정을 철저하게 위생적으로 시행했는지 파악 능력
  - 딥클렌징의 목적 파악 능력
  - 매뉴얼 테크닉의 속도감, 리듬감, 밀착감, 세기, 시간이 어떠한지 기술 능력
  - 피부 유형에 맞는 5가지 매뉴얼 테크닉 기술 능력(쓸어서 펴바르기, 밀착하여 펴바르기, 어루만져 펴바르기, 토닥토닥 펴바르기, 떨며 펴바르기)
  - 매뉴얼 테크닉할 때의 주위 환경이 어떠한지 파악 능력
  - 매뉴얼 테크닉을 해서는 안 되는 피부상태 파악 능력
  - 전극을 사용하기 전에 미리 기기나 전극의 배치 파악 능력
  - 고객에게 과정을 미리 설명하고 주위사항 파악 능력
  - 금속 액세서리가 제거되었는지 파악 능력
  - 미용 기기 상태 파악 능력 및 관리 능력
  - 미용 기기 사용 능력
  - 피부 유형과 제품을 선택하는 능력
  - 팩 · 마스크의 도포 및 제거 능력
  - 마무리 처리 능력

직업기초능력

순번	직업기초능력	
	주요영역	하위영역
1	의사소통능력	경청능력, 의사표현능력, 문서작성능력, 문서이해능력
2	수리능력	기초연산능력
3	문제해결능력	사고력, 문제처리능력
4	자기개발능력	자기관리능력, 경력개발능력
5	자원관리능력	물적자원능력, 시간자원관리능력
6	대인관계능력	고객서비스 능력, 팀웍능력, 갈등관리 능력
7	정보능력	컴퓨터활용능력
8	기술능력	기술이해능력, 기술선택능력
9	직업윤리	근로윤리, 공동체윤리

3⁺ 평생경력개발 경로

(1) 평생경력개발 경로 모형 – 체계도

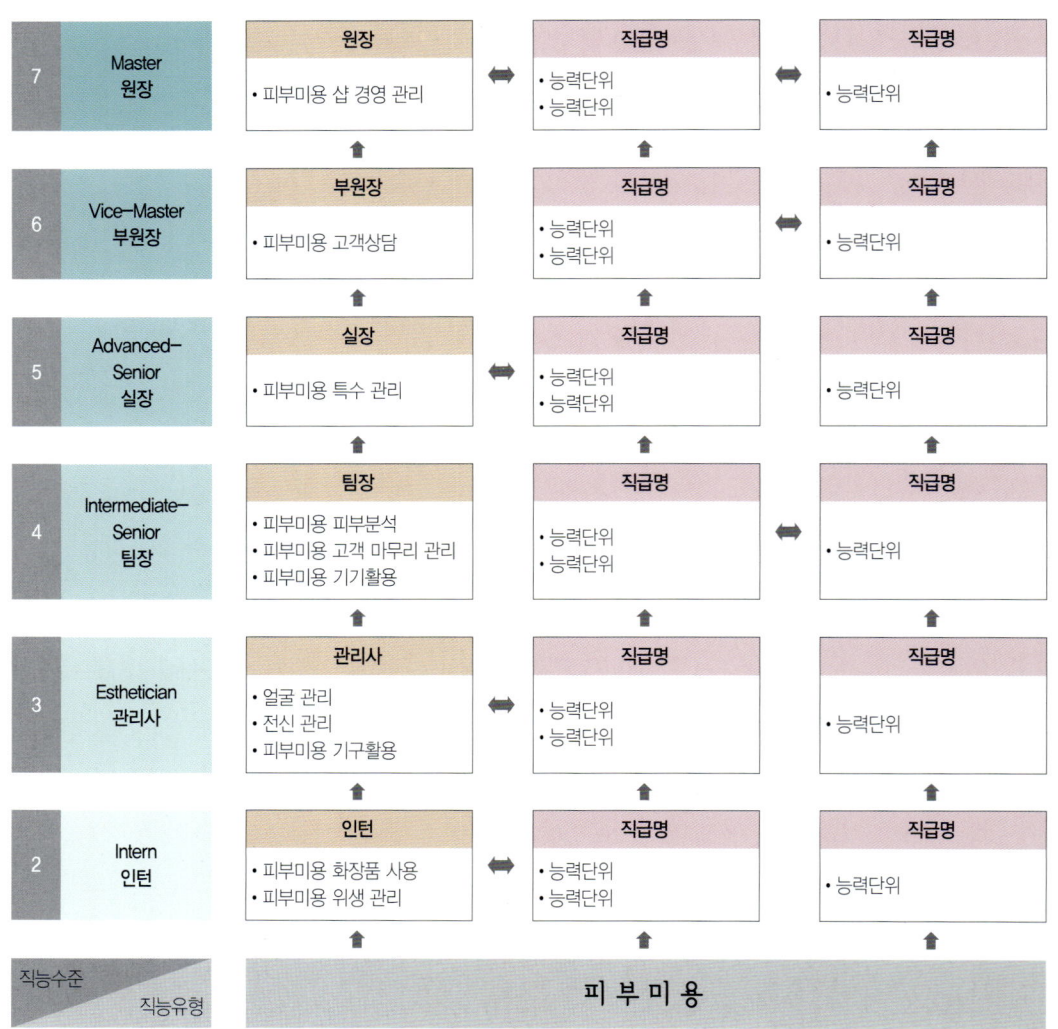

직능수준				
7	Master 원장	**원장** • 피부미용 샵 경영 관리	**직급명** • 능력단위 • 능력단위	**직급명** • 능력단위
6	Vice-Master 부원장	**부원장** • 피부미용 고객상담	**직급명** • 능력단위 • 능력단위	**직급명** • 능력단위
5	Advanced-Senior 실장	**실장** • 피부미용 특수 관리	**직급명** • 능력단위 • 능력단위	**직급명** • 능력단위
4	Intermediate-Senior 팀장	**팀장** • 피부미용 피부분석 • 피부미용 고객 마무리 관리 • 피부미용 기기활용	**직급명** • 능력단위 • 능력단위	**직급명** • 능력단위
3	Esthetician 관리사	**관리사** • 얼굴 관리 • 전신 관리 • 피부미용 기구활용	**직급명** • 능력단위 • 능력단위	**직급명** • 능력단위
2	Intern 인턴	**인턴** • 피부미용 화장품 사용 • 피부미용 위생 관리	**직급명** • 능력단위 • 능력단위	**직급명** • 능력단위
직능유형		피 부 미 용		

(2) 직무기술서 개요

① 개념 : 직무기술서는 해당 직무의 목적과 업무의 범위, 주요 책임, 요구받는 역할, 직무 수행 요건 등 직위에 관한 정보를 제시한 문서를 의미

② 구성요소

- 직무, 능력단위분류번호, 능력단위, 직무목적, 직무 책임 및 역할, 직무수행요건으로 구성
- 추가 정보 제공을 위해 개발 날짜, 개발 기관을 추가 제시

구성요소	세부내용
능력단위분류번호	• 전체 직무 구조 관리를 위한 직무 고유의 코드번호
능력단위	• 수행하고자 하는 능력단위의 명칭
직무 목적	• 직무를 수행함으로써 이루고자 하는 직무의 목적
개발 날짜	• 개발된 년, 월, 일
개발 기관	• 직무기술서를 개발한 기관
직무 책임 및 역할	• 직무에 대한 책임 및 역할 영역 분류 및 상세 내용
직무수행요건	• 직무를 수행하기 위하여 개인이 일반적으로 갖추어야 할 사항 – 학력, 자격증, 지식 및 스킬, 사전 직무경험, 직무숙련기간 등

③ 직무 기본 정보

직무	피부미용	능력단위분류번호	1201010204–14v2
		능력단위	전신 관리
직무 목적	몸매를 분석한 후 전신을 클렌징, 딥클렌징을 한 후 부위별 매뉴얼 테크닉을 실시하고 영양물질 도포, 팩.마스크를 실시한 후 마무리할 수 있는 능력이다.		
개발 날짜		개발 기관	사)한국피부미용사회

④ 직무 책임 및 역할

주요 업무	책임 및 역할
몸매분석하기	• 고객의 현재 몸매 상태를 파악한다. • 선천적 몸매와 잘못된 습관에 의해 만들어진 몸매를 구분한다. • 몸매부위별 문제점을 파악하고 부위별 체형에 대해 분류한다. • 분석결과에 따라 전신 관리 계획을 수립한다.
전신 클렌징하기	• 전신부위별 피부 유형에 따라 클렌징 방법과 제품을 선택한다. • 전신피부 유형에 맞는 제품과 테크닉으로 클렌징하고 닦아내야 한다. • 온습포 또는 경우에 따라 냉습포로 닦아내고 토닉으로 정리한다.
전신 딥클렌징하기	• 전신 피부 유형별 딥클렌징 제품을 선택한다. • 딥클렌징 제품의 특성에 따라 전신 피부 유형에 맞게 적용한다. • 피부미용 기기 및 기구를 활용하여 딥클렌징을 적용한다.

주요 업무	책임 및 역할
등 관리하기	• 등 피부유형에 맞는 제품을 선택한다. • 등의 상태를 파악하고 목적에 맞는 매뉴얼 테크닉을 적용한다. • 시간, 속도, 리듬, 밀착, 세기를 고려하여 등 매뉴얼 테크닉을 구사한다.
복부 관리하기	• 고객의 복부 상태에 따른 금기사항을 파악한다. • 복부 피부유형에 맞는 제품을 선택한다. • 복부의 상태를 파악하고 목적에 맞는 복부 매뉴얼 테크닉을 적용한다. • 시간, 속도, 리듬, 밀착, 세기를 고려하여 복부 매뉴얼 테크닉을 구사한다.
손 · 팔 관리하기	• 손, 팔 피부유형에 맞는 제품을 선택한다. • 손, 팔의 상태를 파악하고 목적에 맞는 매뉴얼 테크닉을 적용한다. • 시간, 속도, 리듬, 밀착, 세기를 고려하여 손, 팔 매뉴얼 테크닉을 구사한다. • 손끝에서 어깨까지 매뉴얼 테크닉을 적용한다.
발 · 다리 관리하기	• 고객의 발, 다리 피부를 파악하여 금기해야할 관리를 파악한다. • 발과 다리 피부유형에 맞는 제품을 선택한다. • 발과 다리의 상태를 파악하고 목적에 맞는 매뉴얼 테크닉을 적용한다. • 시간, 속도, 리듬, 밀착, 세기를 고려하여 발,다리 매뉴얼 테크닉을 구사한다. • 발부터 둔부까지 매뉴얼 테크닉을 적용한다.
가슴 관리하기	• 고객의 가슴 피부를 파악하여 금기해야할 관리와 유두부위를 피한다. • 가슴 피부유형에 맞는 제품을 선택한다. • 가슴의 형태를 파악하고 목적에 맞는 매뉴얼 테크닉을 적용한다. • 시간, 속도, 리듬, 밀착, 세기를 고려하여 가슴 매뉴얼 테크닉을 구사한다.
전신 팩 · 마스크하기	• 전신 피부 유형에 따른 팩과 마스크종류를 선택한다. • 제품성질에 맞게 팩과 마스크를 사용한다. • 관리 후 팩과 마스크를 안전하게 제거한다.
전신 관리 마무리하기	• 전신 관리가 끝난 후 토닉으로 피부정리를 한다. • 고객의 전신 피부유형에 따른 기초화장품류를 선택한다. • 해당 부위에 맞는 제품을 선택 후 특성에 따라 적용한다. • 피부손질이 끝난 후 전신을 가볍게 이완한다.

⑤ 직무수행 요건

구분	상세 내용	
학습경험	• 전문 대학졸업	(전공 : 피부미용 학과)
	• 피부미용 중급 과정	(분야 : 피부미용)
자격증	• 미용사(피부) • CIDESCO(국제피부미용위원회) 자격	
지식 · 기술	• 근육에 관한 지식 • 근육이완 능력 • 딥클렌징 제품과 미용기기에 관한 지식 • 떨며 펴바르기 능력 • 매뉴얼 테크닉에 관한 지식 • 미용기기에 관한 지식 • 밀착하여 펴바르기 능력 • 부위별 체형에 대한 분류 능력 • 습포사용 능력 • 신체구조 및 장단점을 파악하는 능력 • 쓸어서 펴바르기 능력 • 어루만져 펴바르기 능력 • 위생소독에 관한 지식 • 클렌징 테크닉 능력 • 토닥토닥 펴바르기 능력 • 팩과 마스크 선택 및 사용능력 • 피부 관리에 관한 지식 • 피부에 관한 지식 • 해부생리에 관한 지식 • 화장품에 관한 지식	
사전직무경험	• 피부미용 화장품 사용	
직무숙련기간	• 약 3년	

4 채용 · 배치 · 승진 체크리스트

(1) 관리사 체크리스트

목적 □ 채용　□ 배치　□ 승진	관리사

- 이름 :
- 직위 :
- 성별 :
- 특이사항 :

[직업기초능력]

평가영역	평가문항	매우 미흡	미흡	보통	우수	매우 우수
의사소통능력	직장생활에서 필요한 문서를 확인하고, 읽고, 내용을 이해하여 업무수행에 필요한 요점을 파악하는 능력을 기를 수 있다.	①	②	③	④	⑤
	직장생활에서 목적과 상황에 적합한 아이디어와 정보를 전달할 수 있는 문서를 작성할 수 있다.	①	②	③	④	⑤
	다른 사람의 말을 주의 깊게 듣고 적절하게 반응할 수 있다.	①	②	③	④	⑤
	목적과 상황에 맞는 말과 비언어적 행동을 통해 아이디어와 정보를 효과적으로 전달할 수 있다.	①	②	③	④	⑤
수리능력	직장생활에서 필요한 기초적인 사칙연산과 계산방법을 이해하고 활용하는 능력을 기를 수 있다.	①	②	③	④	⑤
문제해결능력	직장생활에서 발생한 문제를 해결하기 위해서 창의적, 논리적, 비판적으로 생각할 수 있다.	①	②	③	④	⑤
	직장생활에서 발생한 문제를 올바르게 인식하고 적절한 해결책을 적용하여 해결할 수 있다.	①	②	③	④	⑤
자기개발능력	직장생활에서 직업인으로서 자신의 역할과 목표를 정립하고, 이를 위하여 자신의 행동과 업무수행을 관리하고 통제할 수 있다.	①	②	③	④	⑤
	직업인으로서 자신의 경력단계를 이해하고 이에 적절한 경력개발 계획을 수립할 수 있다.	①	②	③	④	⑤

평가영역	평가문항	매우 미흡	미흡	보통	우수	매우 우수
자원관리능력	직장생활에서 필요한 시간을 확인하고, 확보하여 업무 수행에 이를 할당할 수 있다.	①	②	③	④	⑤
	직장생활에서 필요한 물적자원을 확인하고, 확보하여 업무 수행에 이를 할당할 수 있다.	①	②	③	④	⑤
대인관계능력	직장생활에서 다른 구성원들과 목표를 공유하고 원만한 관계를 유지하며, 자신의 역할을 이해하고 책임감 있게 업무를 수행할 수 있다.	①	②	③	④	⑤
	직장생활에서 조직구성원 사이에 갈등이 발생하였을 경우 이를 원만히 조절할 수 있다.	①	②	③	④	⑤
	고객서비스에 대한 이해를 바탕으로 실제 현장에서 다양한 고객에 대처할 수 있으며, 고객만족을 이끌어낼 수 있는 능력을 기를 수 있다.	①	②	③	④	⑤
정보능력	직장생활에서 컴퓨터 관련이론을 이해하여 업무수행을 위해 인터넷과 소프트웨어를 활용할 수 있다.	①	②	③	④	⑤
기술능력	기본적인 직장생활에 필요한 기술의 원리 및 절차를 이해하는 능력을 기를 수 있다.	①	②	③	④	⑤
	기본적인 직장생활에 필요한 기술을 선택할 수 있다.	①	②	③	④	⑤
직업윤리	직업윤리를 실천하기 위하여 근면하고 정직하며 성실하게 업무에 임하는 자세를 배양할 수 있다.	①	②	③	④	⑤
	직업윤리를 실천하기 위하여 봉사하며, 책임있고, 규칙을 준수하고, 예의바른 태도로 업무에 임하는 자세를 배양할 수 있다.	①	②	③	④	⑤

[직무수행능력]

평가영역		평가문항	매우 미흡	미흡	보통	우수	매우 우수
얼굴 관리	얼굴 클렌징하기	얼굴피부 유형별 상태에 따라 클렌징 방법과 제품을 선택할 수 있다.	①	②	③	④	⑤
		눈, 입술 순서로 포인트 메이크업을 클렌징할 수 있다.	①	②	③	④	⑤
		얼굴피부 유형에 맞는 제품과 테크닉으로 클렌징할 수 있다.	①	②	③	④	⑤
		온습포 또는 경우에 따라 냉습포로 닦아내고 토닉으로 정리할 수 있다.	①	②	③	④	⑤
	눈썹 정리하기	눈썹정리를 위해 도구를 소독하여 준비할 수 있다.	①	②	③	④	⑤
		고객이 선호하는 눈썹형태로 정리할 수 있다.	①	②	③	④	⑤
		눈썹정리한 부위에 대한 진정 관리를 실시할 수 있다.	①	②	③	④	⑤
	얼굴 딥클렌징 하기	피부 유형별 딥클렌징 제품을 선택할 수 있다	①	②	③	④	⑤
		선택된 딥클렌징 제품을 특성에 맞게 적용할 수 있다.	①	②	③	④	⑤
		피부미용 기기 및 기구를 활용하여 딥클렌징을 적용할 수 있다.	①	②	③	④	⑤
	얼굴 매뉴얼 테크닉 하기	얼굴의 피부 유형과 부위에 맞는 매뉴얼 테크닉을 하기 위한 제품을 선택할 수 있다.	①	②	③	④	⑤
		선택된 제품을 피부에 도포할 수 있다.	①	②	③	④	⑤
		5가지 기본 동작을 이용하여 매뉴얼 테크닉을 적용할 수 있다.	①	②	③	④	⑤
		얼굴의 피부 상태와 부위에 적정한 리듬, 강약, 속도, 시간, 밀착 등을 조절하여 적용할 수 있다.	①	②	③	④	⑤
	영양물질 도포하기	피부 유형에 따라 영양물질을 선택할 수 있다.	①	②	③	④	⑤
		피부 유형에 따라 영양물질을 필요한 부위에 도포할 수 있다.	①	②	③	④	⑤
		제품의 특성에 따라 영양물질이 흡수되도록 할 수 있다.	①	②	③	④	⑤
	얼굴 팩 · 마스크 하기	피부 유형에 따른 팩과 마스크종류를 선택 할 수 있다.	①	②	③	④	⑤
		제품 성질에 맞는 팩과 마스크를 적용할 수 있다.	①	②	③	④	⑤
		관리 후 팩과 마스크를 안전하게 제거할 수 있다.	①	②	③	④	⑤

평가영역		평가문항	매우 미흡	미흡	보통	우수	매우 우수
얼굴 관리	얼굴 관리 마무리하기	얼굴 관리가 끝난 후 토닉으로 피부정리를 할 수 있다.	①	②	③	④	⑤
		고객의 얼굴 피부 유형에 따른 기초화장품류를 선택할 수 있다.	①	②	③	④	⑤
		영양물질을 흡수시키고 자외선 차단제를 사용하여 마무리할 수 있다.	①	②	③	④	⑤
전신 관리	몸매분석 하기	고객의 현재 몸매 상태를 파악할 수 있다.	①	②	③	④	⑤
		선천적 몸매와 잘못된 습관에 의해 만들어진 몸매를 구분할 수 있다.	①	②	③	④	⑤
		몸매부위별 문제점을 파악하고 부위별 체형에 대해 분류를 할 수 있다.	①		③	④	⑤
		분석결과에 따라 전신 관리 계획을 수립할 수 있다.	①	②	③	④	⑤
	전신 클렌징하기	전신부위별 피부 유형에 따라 클렌징 방법과 제품을 선택할 수 있다.	①	②	③	④	⑤
		전신 피부 유형에 맞는 제품과 테크닉으로 클렌징하고 닦아낼 수 있다.	①	②	③	④	⑤
		온습포 또는 경우에 따라 냉습포로 닦아내고 토닉으로 정리할 수 있다.	①	②	③	④	⑤
	전신 딥클렌징 하기	전신 피부 유형별 딥클렌징 제품을 선택할 수 있다.	①	②	③	④	⑤
		딥클렌징 제품의 특성에 따라 전신 피부 유형에 맞게 적용할 수 있다.	①	②	③	④	⑤
		피부미용 기기 및 기구를 활용하여 딥클렌징을 적용할 수 있다.	①	②	③	④	⑤
	등 관리하기	등 피부 유형에 맞는 제품을 선택할 수 있다.	①	②	③	④	⑤
		등의 상태를 파악하고 목적에 맞는 매뉴얼 테크닉을 적용할 수 있다.	①	②	③	④	⑤
		시간, 속도, 리듬, 밀착, 세기를 고려하여 등 매뉴얼 테크닉을 구사할 수 있다.	①	②	③	④	⑤
	복부 관리하기	고객의 복부 상태에 따른 금기사항을 파악할 수 있다.	①	②	③	④	⑤
		복부 피부 유형에 맞는 제품을 선택할 수 있다.	①	②	③	④	⑤
		복부의 상태를 파악하고 목적에 맞는 복부 매뉴얼 테크닉을 적용할 수 있다.	①	②	③	④	⑤
		시간, 속도, 리듬, 밀착, 세기를 고려하여 복부 매뉴얼 테크닉을 구사할 수 있다.	①	②	③	④	⑤

평가영역		평가문항	매우 미흡	미흡	보통	우수	매우 우수
전신관리	손·팔 관리하기	손, 팔 피부 유형에 맞는 제품을 선택할 수 있다.	①	②	③	④	⑤
		손, 팔의 상태를 파악하고 목적에 맞는 매뉴얼 테크닉을 적용할 수 있다.	①	②	③	④	⑤
		시간, 속도, 리듬, 밀착, 세기를 고려하여 손, 팔 매뉴얼 테크닉을 구사할 수 있다.	①	②	③	④	⑤
		손끝에서 어깨까지 매뉴얼 테크닉을 적용할 수 있다.	①	②	③	④	⑤
	발·다리 관리하기	고객의 발, 다리 피부를 파악하여 금기해야할 관리를 피할 수 있다.	①	②	③	④	⑤
		발과 다리 피부 유형에 맞는 제품을 선택할 수 있다.	①	②	③	④	⑤
		발과 다리의 상태를 파악하고 목적에 맞는 매뉴얼 테크닉을 적용할 수 있다.	①	②	③	④	⑤
		시간, 속도, 리듬, 밀착, 세기를 고려하여 발, 다리 매뉴얼 테크닉을 구사할 수 있다.	①	②	③	④	⑤
		발부터 둔부까지 매뉴얼 테크닉을 적용할 수 있다.	①	②	③	④	⑤
	가슴 관리하기	고객의 가슴 피부를 파악하여 금기해야할 관리와 유두부위를 피할 수 있다.	①	②	③	④	⑤
		가슴 피부유형에 맞는 제품을 선택할 수 있다.	①	②	③	④	⑤
		가슴의 형태를 파악하고 목적에 맞는 매뉴얼 테크닉을 적용할 수 있다.	①	②	③	④	⑤
		시간, 속도, 리듬, 밀착, 세기를 고려하여 가슴 매뉴얼 테크닉을 구사할 수 있다.	①	②	③	④	⑤
	전신 팩·마스크 하기	전신 피부 유형에 따른 팩과 마스크종류를 선택할 수 있다.	①	②	③	④	⑤
		제품성질에 맞게 팩과 마스크를 사용할 수 있다.	①	②	③	④	⑤
		관리 후 팩과 마스크를 안전하게 제거할 수 있다.	①	②	③	④	⑤
	전신 관리 마무리하기	전신 관리가 끝난 후 토닉으로 피부정리를 할 수 있다.	①	②	③	④	⑤
		고객의 전신 피부 유형에 따른 기초화장품류를 선택할 수 있다.	①	②	③	④	⑤
		해당 부위에 맞는 제품을 선택 후 특성에 따라 적용한다.	①	②	③	④	⑤
		피부손질이 끝난 후 전신을 가볍게 이완시킨다.	①	②	③	④	⑤

평가영역		평가문항	매우 미흡	미흡	보통	우수	매우 우수
피부 미용 기구 활용	압력을 이용한 피부미용 기구 사용하기	진공흡입기의 원리를 파악하고 진공흡입기를 사용하여 전신에 적용할 수 있다.	①	②	③	④	⑤
		림프배액 시스템의 원리를 파악하고 피부 상태와 부위에 따라 시행할 수 있다.	①	②	③	④	⑤
		압력을 이용한 피부미용 기구를 피부의 상태와 부위에 따라 위생적으로 관리할 수 있다.	①	②	③	④	⑤
		압력을 이용한 피부미용 기구 사용 시 금기사항을 고객에게 설명할 수 있다.	①	②	③	④	⑤
	색채·빛· 온도를 이용한 피부미용 기구 사용하기	크로마테라피의 원리와 효과를 파악하고 전신에 적용할 수 있다.	①	②	③	④	⑤
		광선을 이용한 피부미용 기구의 사용방법과 효과, 원리를 습득하여 신체에 적용할 수 있다.	①	②	③	④	⑤
		온도를 이용한 피부미용 기구의 사용 방법과 효과를 파악하여 신체에 적용할 수 있다.	①	②	③	④	⑤
		색채, 빛, 온도를 이용한 피부미용 기구 사용 시 금기사항을 고객에게 설명할 수 있다.	①	②	③	④	⑤
		색채, 빛, 온도를 이용한 피부미용 기구를 피부의 상태와 부위에 따라 안전하고 위생적으로 사용할 수 있다.	①	②	③	④	⑤
	물을 이용한 피부미용 기구 사용하기	물을 이용한 기구 사용 방법을 파악하고 신체에 적용할 수 있다.	①	②	③	④	⑤
		물의 적정 온도 및 압력을 파악하고 신체에 적용할 수 있다.	①	②	③	④	⑤
		물을 이용한 피부미용 기구 사용 시 금기사항을 고객에게 설명할 수 있다.	①	②	③	④	⑤
		물을 이용한 피부미용 기구를 안전하고 위생적으로 사용할 수 있다	①	②	③	④	⑤
	열을 이용한 피부미용 기구 사용하기	신체에 대한 열의 효과 및 부작용을 파악하여 열을 이용한 피부미용 기구를 사용할 수 있다.	①	②	③	④	⑤
		증기욕기의 특징과 적용피부를 파악하여 증기욕 피부미용 기구를 피부에 적용할 수 있다.	①	②	③	④	⑤
		스티머의 효과, 원리를 파악하여 피부 유형과 상태에 따라 피부에 적용할 수 있다.	①	②	③	④	⑤
		왁스워머의 사용법을 숙지하여 사용한다.	①	②	③	④	⑤
		열을 이용한 피부미용 기구 사용 시 금기사항을 알고 사용할 수 있다.	①	②	③	④	⑤
		열을 이용한 피부미용 기구를 안전하고 위생적으로 사용할 수 있다.	①	②	③	④	⑤

평가영역		평가문항	매우 미흡	미흡	보통	우수	매우 우수
피부 미용 기구 활용	물리적인 힘을 이용한 피부미용 기구사용 하기	물리적인 힘을 이용한 피부미용 기구의 특성을 파악하여 피부 유형과 부위에 따라 적합한 기구를 선택할 수 있다.	①	②	③	④	⑤
		바이브레이터기의 사용방법을 습득하고 피부에 적용할 수 있다.	①	②	③	④	⑤
		후리마돌의 원리와 사용방법을 습득하여 피부에 적용할 수 있다.	①	②	③	④	⑤
		물리적인 힘을 이용한 피부미용 기구를 안전하고 위생적으로 사용할 수 있다.	①	②	③	④	⑤

[평가결과]

영역	점수
직업기초능력	영역별 점수 합산
직무수행능력	영역별 점수 합산
합계	점수 합계

5. 자가진단도구

(1) 자가진단도구 개요

① 개념 : 업무를 성공적으로 수행하는 데 요구되는 능력과 근로자 자신의 보유 능력을 비교 · 점검해 볼 수 있는 도구

② 구성요소

   ⓐ 번호체계

   ⓑ 진단항목

   ⓒ 지시문

   ⓓ 진단영역

   ⓔ 진단문항

   ⓕ 답변기재란

   ⓖ 진단결과로 구성

[자가진단도구의 구성요소]

구성요소	세부내용
번호체계	• 직업능력 자가진단도구를 분류하기 위하여 직업능력별로 부여된 번호
진단항목	• 진단하고자 하는 직업능력명
지시문	• 진단문항을 읽고 답변을 기재하는 방법에 대한 안내문
진단영역	• 진단하고자 하는 직업능력을 구성하는 하위영역과 세부영역
진단문항	• 근로자(응답자)의 지식이나 활동을 측정하기 위한 측정가능하고 구체적인 문장
답변기재란	• 근로자(응답자)가 진단문항을 읽고 자신의 상황이나 생각과 일치하는 정도에 직접 표기하는 부분
진단결과	• 기재한 답변을 합산하여 점수를 산출하고 해석

(2) 자가진단도구

| 1201010204-14v2 | | 전신 관리 |

진단영역	진단문항	매우 미흡	미흡	보통	우수	매우 우수
몸매 분석하기	1. 나는 고객의 현재 몸매 상태를 파악할 수 있다.	①	②	③	④	⑤
	2. 나는 선천적 몸매와 잘못된 습관에 의해 만들어진 몸매를 구분할 수 있다.	①	②	③	④	⑤
	3. 나는 몸매부위별 문제점을 파악하고 부위별 체형에 대해 분류 할 수 있다.	①	②	③	④	⑤
	4. 나는 분석결과에 따라 전신 관리 계획을 수립할 수 있다.	①	②	③	④	⑤
전신 클렌징하기	1. 나는 전신부위별 피부 유형에 따라 클렌징 방법과 제품을 선택할 수 있다.	①	②	③	④	⑤
	2. 나는 전신 피부 유형에 맞는 제품과 테크닉으로 클렌징하고 닦아낼 수 있다.	①	②	③	④	⑤
	3. 나는 온습포 또는 경우에 따라 냉습포로 닦아내고 토닉으로 정리할 수 있다.	①	②	③	④	⑤

진단영역	진단문항	매우 미흡	미흡	보통	우수	매우 우수
전신 딥클렌징 하기	1. 나는 전신 피부 유형별 딥클렌징 제품을 선택할 수 있다.	①	②	③	④	⑤
	2. 나는 딥클렌징 제품의 특성에 따라 전신 피부 유형에 맞게 적용할 수 있다.	①	②	③	④	⑤
	3. 나는 피부미용 기기 및 기구를 활용하여 딥클렌징을 적용할 수 있다.	①	②	③	④	⑤
등 관리하기	1. 나는 등 피부 유형에 맞는 제품을 선택할 수 있다.	①	②	③	④	⑤
	2. 나는 등의 상태를 파악하고 목적에 맞는 매뉴얼 테크닉을 적용할 수 있다.	①	②	③	④	⑤
	3. 나는 시간, 속도, 리듬, 밀착, 세기를 고려하여 등 매뉴얼 테크닉을 구사할 수 있다.	①	②	③	④	⑤
복부 관리하기	1. 나는 고객의 복부 상태에 따른 금기사항을 파악할 수 있다.	①	②	③	④	⑤
	2. 나는 복부 피부 유형에 맞는 제품을 선택할 수 있다.	①	②	③	④	⑤
	3. 나는 복부의 상태를 파악하고 목적에 맞는 복부 매뉴얼 테크닉을 적용 할 수 있다.	①	②	③	④	⑤
	4. 나는 시간, 속도, 리듬, 밀착, 세기를 고려하여 복부 매뉴얼 테크닉을 구사할 수 있다.	①	②	③	④	⑤
손·팔 관리하기	1. 나는 손, 팔 피부 유형에 맞는 제품을 선택할 수 있다.	①	②	③	④	⑤
	2. 나는 손, 팔의 상태를 파악하고 목적에 맞는 매뉴얼 테크닉을 적용할 수 있다.	①	②	③	④	⑤
	3. 나는 시간, 속도, 리듬, 밀착, 세기를 고려하여 손, 팔 매뉴얼 테크닉을 구사할 수 있다.	①	②	③	④	⑤
	4. 나는 손끝에서 어깨까지 매뉴얼 테크닉을 적용할 수 있다.	①	②	③	④	⑤
발·다리 관리하기	1. 나는 고객의 발, 다리 피부를 파악하여 금기해야할 관리를 파할 수 있다.	①	②	③	④	⑤
	2. 나는 발과 다리 피부 유형에 맞는 제품을 선택할 수 있다.	①	②	③	④	⑤
	3. 나는 발과 다리의 상태를 파악하고 목적에 맞는 매뉴얼 테크닉을 적용할 수 있다.	①	②	③	④	⑤
	4. 나는 시간, 속도, 리듬, 밀착, 세기를 고려하여 발, 다리 매뉴얼 테크닉을 구사할 수 있다.	①	②	③	④	⑤
	5. 나는 발부터 둔부까지 매뉴얼 테크닉을 적용할 수 있다.	①	②	③	④	⑤

진단영역	진단문항	매우 미흡	미흡	보통	우수	매우 우수
가슴 관리하기	1. 나는 고객의 가슴 피부를 파악하여 금기해야할 관리와 유두부위를 피할 수 있다.	①	②	③	④	⑤
	2. 나는 가슴 피부 유형에 맞는 제품을 선택할 수 있다.	①	②	③	④	⑤
	3. 나는 가슴의 형태를 파악하고 목적에 맞는 매뉴얼 테크닉을 적용할 수 있다.	①	②	③	④	⑤
	4. 나는 시간, 속도, 리듬, 밀착, 세기를 고려하여 가슴 매뉴얼 테크닉을 구사할 수 있다.	①	②	③	④	⑤
전신 팩·마스크 하기	1. 나는 전신 피부 유형에 따른 팩과 마스크종류를 선택할 수 있다.	①	②	③	④	⑤
	2. 나는 제품성질에 맞게 팩과 마스크를 사용할 수 있다.	①	②	③	④	⑤
	3. 나는 관리 후 팩과 마스크를 안전하게 제거할 수 있다.	①	②	③	④	⑤
전신 관리 마무리하기	1. 나는 전신 관리가 끝난 후 토닉으로 피부정리를 할 수 있다.	①	②	③	④	⑤
	2. 나는 고객의 전신 피부 유형에 따른 기초화장품류를 선택할 수 있다.	①	②	③	④	⑤
	3. 나는 해당부위에 맞는 제품을 선택 후 특성에 따라 적용한다.	①	②	③	④	⑤
	4. 나는 피부손질이 끝난 후 전신을 가볍게 이완시킬 수 있다.	①	②	③	④	⑤

[진단결과]

진단영역	문항 수	점수	점수 ÷ 문항 수
몸매 분석하기	4		
전신클렌징하기	3		
전신 딥클렌징하기	3		
등 관리하기	3		
복부 관리하기	4		
손·팔 관리하기	4		
발·다리 관리하기	5		
가슴 관리하기	4		
전신 팩·마스크하기	3		
전신 관리 마무리하기	4		
합계	37		

☞ 자신의 점수를 문항 수로 나눈 값이 '3점' 이하에 해당하는 영역은 업무를 성공적으로 수행하는 데 요구는 능력이 부족한 것으로 교육훈련이나 개인학습을 통한 개발이 필요함.

6⁺ 훈련기준

개요

(1) 직종명 : 피부미용

(2) 직종 정의 : 피부미용은 고객의 상담과 피부분석을 통하여 안정감 있고 위생적인 환경에서 얼굴 이나 전신의 피부를 미용기기와 화장품을 이용하여 서비스를 제공하고 피부미용에 대한 업무수행을 기획, 관리하는 업무에 종사

(3) 훈련이수체계(수준별 이수 과정 · 과목)

수준	직종	
7수준	원장	피부미용 샵 경영 관리
6수준	부원장	피부미용 고객상담
5수준	실장	피부미용 특수 관리
4수준	팀장	피부미용 피부분석
		피부미용 고객 마무리 관리
		피부미용 기기활용
3수준	관리사	얼굴 관리
		전신 관리
		피부미용 기구 활용
2수준	인턴	피부미용 화장품 사용
		피부미용 위생 관리
−		**직업기초능력**
수준 / 직종		**피 부 미 용**

※ 해당직종(음영)의 훈련과정을 편성하는 경우 훈련과정별 목표에 부합한 수준으로 해당 직종에서 제시한 능력단위를 기준으로 과정 · 과목을 편성하고, 이외 직종의 능력단위를 훈련과정에 추가 편성하려는 경우 유사 직종의 동일 수준의 능력단위를 추가할 수 있음.

(4) 훈련시설

시설명 \ 훈련인원	기준인원	면적	기준인원 초과 시 면적 적용	시설 활용구분 (공용/전용)
강의실	30명	60m²	1명당 1.2m²씩 추가	공용
컴퓨터실	30명	60m²	1명당 2.0m²씩 추가	해당 없음
피부미용 실습실	30명	250m²	1명당 3.3m²씩 추가	전용
공구 · 재료실			30m², 60명을 초과 시 10m²만 추가	전용

※ 훈련시설은 훈련과정/과목에 필요한 시설을 구축

(5) 교사

○ 「근로자직업능력 개발법」 제33조와 관련 규정에 따름

훈련과정

(1) 과정 · 과목명 : 직업기초능력

○ 훈련개요

훈련목표	직업인으로서 갖추어야 할 기본적인 소양을 함양
수준	–
최소훈련시간	장기훈련과정 편성시 전체 훈련시간의 10% 이하로 자율편성
훈련시설	강의실 또는 실습실
권장훈련방법	집체 또는 원격훈련

○ 편성내용

단원명	학습내용
의사소통능력	업무를 수행함에 있어 글과 말을 읽고 들음으로써 다른 사람이 뜻한 바를 파악하고, 자기가 뜻한 바를 글과 말을 통해 정확하게 쓰거나 말하는 능력 함양
수리능력	업무를 수행함에 있어 사칙연산, 통계, 확률의 의미를 정확하게 이해하고 이를 업무에 적용하는 능력 함양
문제해결능력	업무를 수행함에 있어 문제 상황이 발생하였을 경우, 창조적이고 논리적인 사고를 통하여 이를 올바르게 인식하고 적절히 해결하는 능력 함양
자기개발능력	업무를 추진하는데 스스로를 관리하고 개발하는 능력 함양
자원관리능력	업무를 수행하는데 시간, 자본, 재료 및 시설, 인적자원 등의 자원 가운데 무엇이 얼마나 필요한지를 확인하고, 이용 가능한 자원을 최대한 수집하여 실제 업무에 어떻게 활용할 것인지를 계획하고, 계획대로 업무 수행에 이를 할당하는 능력
대인관계능력	업무를 수행하는데 있어 접촉하게 되는 사람들과 문제를 일으키지 않고 원만하게 지내는 능력
정보능력	업무와 관련된 정보를 수집하고, 이를 분석하여 의미 있는 정보를 찾아내며, 의미 있는 정보를 업무 수행에 적절하도록 조직하고, 조직된 정보를 관리하며, 업무 수행에 이러한 정보를 활용하고, 이러한 제 과정에 컴퓨터를 사용하는 능력 함양
기술능력	업무를 수행함에 있어 도구, 장치 등을 포함하여 필요한 기술에는 어떠한 것들이 있는지 이해하고, 실제로 업무를 수행함에 있어 적절한 기술을 선택하여, 적용하는 능력 함양
조직이해능력	업무를 원활하게 수행하기 위해 국제적인 추세를 포함하여 조직의 체제와 경영에 대해 이해하는 능력 함양
직업윤리	업무를 수행함에 있어 원만한 직업생활을 위해 필요한 태도, 매너, 올바른 직업관 함양

(2) 과정 · 과목명 : 1201010204 전신 관리

○ 훈련개요

훈련목표	몸매를 분석한 후 전신을 클렌징, 딥클렌징을 한 후 부위별 매뉴얼 테크닉을 실시하고 영양물질 도포, 팩 · 마스크를 실시한 후 마무리 하는 능력을 함양
수 준	3
최소훈련시간	150
훈련시설	강의실, 피부미용 실습실
권장훈련방법	집체훈련

○ 편성내용

단원명 (능력단위 요소명)	훈련내용(수행준거)	평가 시 고려사항
몸매분석하기	1. 고객의 현재 몸매 상태를 파악할 수 있다. 2. 선천적 몸매와 잘못된 습관에 의해 만들어진 몸매를 구분할 수 있다. 3. 몸매부위별 문제점을 파악하고 부위별 체형에 대해 분류할 수 있다. 4. 분석결과에 따라 전신 관리 계획을 수립할 수 있다.	– 평가자는 다음의 사항을 평가해야 한다. • 고객이 편안하고 안정될 수 있는 분위기 조성 능력 • 재료의 온도가 적절하게 조절 할 수 있는능력 • 몸매형태를 파악하고 측정할 수 있는 능력 • 각 제품의 주요 성분과 관리 목적 파악 능력 • 문진, 견진, 촉진을 통해서 피부를 관찰할 수 있는 능력 • 모든 과정을 철저하게 위생적으로 시행 했는지 파악 능력 • 딥클렌징의 목적 파악 능력 • 매뉴얼 테크닉의 속도감, 리듬감, 밀착감, 세기, 시간이 어떠한지 기술 능력 • 피부 유형에 맞는 5가지 매뉴얼 테크닉 기술 능력(쓸어서 펴바르기, 밀착하여 펴바르기, 어루만져 펴바르기, 토닥 토닥 펴바르기, 떨며 펴바르기) • 매뉴얼 테크닉 할 때의 주위 환경이 어떠한지 파악 능력 • 매뉴얼 테크닉을 해서는 안 되는 피부 상태 파악 능력 • 전극을 사용하기 전에 미리 기기나 전극의 배치 파악 능력 • 고객에게 과정을 미리 설명하고 주위사항 파악 능력 • 금속 액세서리가 제거되었는지 파악 능력 • 미용기기 상태 파악 능력 및 관리능력
전신 클렌징하기	1. 전신부위별 피부 유형에 따라 클렌징 방법과 제품을 선택할 수 있다. 2. 전신 피부 유형에 맞는 제품과 테크닉으로 클렌징하고 닦아낼 수 있다. 3. 온습포 또는 경우에 따라 냉습포로 닦아내고 토닉으로 정리할 수 있다.	
전신 딥클렌징하기	1. 전신 피부 유형별 딥클렌징 제품을 선택 할 수 있다. 2. 선택된 딥클렌징 제품을 특성에 따라 전신 피부 유형에 맞게 적용할 수 있다. 3. 피부미용 기기 및 기구를 활용하여 딥클렌징을 적용할 수 있다.	
등 관리하기	1. 등 피부 유형에 맞는 제품을 선택할 수 있다. 2. 등의 상태를 파악하고 목적에 맞는 매뉴얼 테크닉을 적용할 수 있다. 3. 시간, 속도, 리듬, 밀착, 세기를 고려하여 등 매뉴얼 테크닉을 구사할 수 있다.	
복부 관리하기	1. 고객의 복부 상태에 따른 금기사항을 파악할 수 있다. 2. 복부 피부 유형에 맞는 제품을 선택할 수 있다. 3. 복부의 상태를 파악하고 목적에 맞는 복부 매뉴얼 테크닉을 적용할 수 있다. 4. 시간, 속도, 리듬, 밀착, 세기를 고려하여 복부 매뉴얼 테크닉을 구사할 수 있다.	
손 · 팔 관리하기	1. 손, 팔 피부 유형에 맞는 제품을 선택할 수 있다. 2. 손, 팔의 상태를 파악하고 목적에 맞는 매뉴얼 테크닉을 적용할 수 있다. 3. 시간, 속도, 리듬, 밀착, 세기를 고려하여 손, 팔 매뉴얼 테크닉을 구사할 수 있다. 4. 손끝에서 어깨까지 매뉴얼 테크닉을 적용할 수 있다.	

단원명 (능력단위 요소명)	훈련내용(수행준거)	평가 시 고려사항
발 · 다리 관리하기	1. 고객의 발, 다리 피부를 파악하여 금기해야 할 관리를 피할 수 있다. 2. 발과 다리 피부 유형에 맞는 제품을 선택할 수 있다. 3. 발과 다리의 상태를 파악하고 목적에 맞는 매뉴얼 테크닉을 적용할 수 있다. 4. 시간, 속도, 리듬, 밀착, 세기를 고려하여 발, 다리 매뉴얼 테크닉을 구사할 수 있다. 5. 발부터 둔부까지 매뉴얼 테크닉을 적용할 수 있다.	• 미용기기 사용 능력 • 피부 유형과 제품을 선택하는 능력 • 팩, 마스크의 도포 및 제거 능력 • 마무리 처리 능력
가슴 관리하기	1. 고객의 가슴 피부를 파악하여 금기해야할 관리와 유두부위를 피할 수 있다. 2. 가슴 피부 유형에 맞는 제품을 선택할 수 있다. 3. 가슴의 형태를 파악하고 목적에 맞는 매뉴얼 테크닉을 적용할 수 있다. 4. 시간, 속도, 리듬, 밀착, 세기를 고려하여 가슴 매뉴얼 테크닉을 구사할 수 있다.	
전신 팩 · 마스크하기	1. 전신 피부 유형에 따른 팩과 마스크종류를 선택할 수 있다. 2. 제품 성질에 맞게 팩과 마스크를 적용할 수 있다. 3. 관리 후 팩과 마스크를 안전하게 제거할 수 있다.	
전신 관리 마무리하기	1. 전신 관리가 끝난 후 토닉으로 피부정리를 할 수 있다. 2. 고객의 전신 피부 유형에 따른 기초화장품류를 선택할 수 있다. 3. 해당 부위에 맞는 제품을 선택 후 특성에 따라 적용할 수 있다. 4. 피부손질이 끝난 후 전신을 가볍게 이완할 수 있다.	

○ 지식 · 기술 · 태도

구 분	주요내용
지식	• 근육에 관한 지식 • 딥클렌징 제품과 미용 기기에 관한 지식 • 매뉴얼 테크닉에 관한 지식 • 미용 기기에 관한 지식 • 위생과 소독에 관한 지식 • 전신 피부미용 관리에 관한 지식 • 전신 피부 유형에 관한 지식 • 최신기술에 관한 지식 • 팩과 마스크의 성질에 관한 지식 • 피부관리에 관한 지식 • 피부의 구조와 생리에 관한 지식 • 화장품성분에 관한 지식 • 해부생리에 관한 지식
기술	• 근육이완 능력 • 떨며 펴바르기 능력 • 물리적 · 화학적방법 적용 능력 • 미용기기활용능력 • 부위별 체형에 대한 분류 능력 • 습포 사용 능력 • 신체구조 및 장단점을 파악하는 능력 • 쓸어서 펴바르기, 밀착하여 펴바르기, 어루만져 펴바르기, 토닥토닥 펴바르기 • 위생 관리 능력 • 전신 피부 유형에 따른 딥클렌징 제품 선택 능력 • 제품 바르는 능력 • 클렌징 테크닉 능력 • 팩과 마스크 선택 및 적용 능력 • 팩과 마스크 적용후 제거 능력
태도	• 고객을 편안하고 안정적으로 배려하는 의지 • 고객의 반응을 살피려는 의지 • 고객의 선호도에 따라 화장품 량을 조절하려는 의지 • 고객의 심리적 안정감을 주려는 의지 • 고객이 편안히 이완할 수 있도록 배려하려는 의지 • 신체부위 노출을 삼가려는 의지 • 위생적으로 고객을 배려하려는 의지 • 잔여물이 남지 않도록 노력하려는 의지

○ 장비

장비명	단위	활용구분(공용/전용)	1대당 활용인원
• 고압멸균기	대		30
• 스팀기	대		06
• 고–주파기	대		15
• 갈바닉	대		15
• 적외선 기계	대	공용	15
• 확대경	대		6
• 진공흡입기	대		10
• 자외선 소독기	대		30
• 초음파기	대		15
• 온장고	대		6

※ 장비는 주장비만 제시한 것으로 그 외의 장비와 공구는 별도로 확보

○ 재료

재료 목록
• 화장품
• 클렌징 및 딥클렌징제
• 팩 · 마스크

※ 재료는 주재료만 제시한 것으로 그 외의 재료는 별도로 확보

7⁺ 출제기준(시안)

자격개요

○ 자격 정의

대분류	12. 이용 · 숙박 · 여행 · 오락 · 스포츠	중분류	1. 이 · 미용	소분류	1. 이 · 미용서비스
자격종목명		미용사(피부)		분류번호	12010102
자격종목정의		피부미용은 고객의 상담과 피부분석을 통하여 안정감 있고 위생적인 환경에서 얼굴이나 전신의 피부를 미용기기와 화장품을 이용하여 서비스를 제공하고 피부미용에 대한 업무수행을 기획, 관리하는 능력이다.			

능력단위별 출제기준(시안)

능력단위	전신 관리	능력단위 수준	3수준
분류번호	1201010204-14v2		
능력단위 정의	몸매를 분석한 후 전신을 클렌징, 딥클렌징을 한 후 부위별 매뉴얼 테크닉을 실시하고 영양물질 도포, 팩·마스크를 실시한 후 마무리하는 능력이다.		
평가방법	지필 평가 : 복합형	시간	60분
	실무 평가 : 수행 평가		

	능력단위 요소 (세부항목)	수행 준거 (세세항목)
평가 내용	1201010204-14v2.1 몸매분석하기	1.1 고객의 현재 몸매 상태를 파악할 수 있다. 1.2 선천적 몸매와 잘못된 습관에 의해 만들어진 몸매를 구분할 수 있다. 1.3 몸매부위별 문제점을 파악하고 부위별 체형에 대해 분류할 수 있다. 1.4 분석결과에 따라 전신 관리 계획을 수립할 수 있다.
	1201010204-14v2.2 전신 클렌징하기	2.1 전신부위별 피부 유형에 따라 클렌징 방법과 제품을 선택할 수 있다. 2.2 전신 피부 유형에 맞는 제품과 테크닉으로 클렌징하고 닦아낼 수 있다. 2.3 온습포 또는 경우에 따라 냉습포로 닦아내고 토닉으로 정리할 수 있다.
	1201010204-14v2.3 전신 딥클렌징하기	3.1 전신 피부 유형별 딥클렌징 제품을 선택 할 수 있다. 3.2 선택된 딥클렌징 제품을 특성에 따라 전신 피부 유형에 맞게 적용할 수 있다. 3.3 피부미용 기기 및 기구를 활용하여 딥클렌징을 적용할 수 있다.
	1201010204-14v2.4 등 관리하기	4.1 얼굴의 피부 유형과 부위에 맞는 매뉴얼 테크닉을 하기 위한 제품을 선택할 수 있다. 4.2 선택된 제품을 피부에 도포할 수 있다. 4.3 5가지 기본 동작을 이용하여 매뉴얼 테크닉을 적용할 수 있다. 4.4 얼굴의 피부 상태와 부위에 적정한 리듬, 강약, 속도, 시간, 밀착 등을 조절하여 적용할 수 있다.
	1201010204-14v2.5 복부 관리하기	5.1 고객의 복부 상태에 따른 금기사항을 파악할 수 있다. 5.2 복부 피부 유형에 맞는 제품을 선택할 수 있다. 5.3 복부의 상태를 파악하고 목적에 맞는 복부 매뉴얼 테크닉을 적용할 수 있다. 5.4 시간, 속도, 리듬, 밀착, 세기를 고려하여 복부 매뉴얼 테크닉을 구사할 수 있다.
	1201010204-14v2.6 손·팔 관리하기	6.1 손, 팔 피부 유형에 맞는 제품을 선택할 수 있다. 6.2 손, 팔의 상태를 파악하고 목적에 맞는 매뉴얼 테크닉을 적용할 수 있다. 6.3 시간, 속도, 리듬, 밀착, 세기를 고려하여 손, 팔 매뉴얼 테크닉을 구사할 수 있다. 6.4 손끝에서 어깨까지 매뉴얼 테크닉을 적용할 수 있다.
	12110204-14v2.7 발·다리 관리하기	7.1 고객의 발, 다리 피부를 파악하여 금기해야할 관리를 피할 수 있다. 7.2 발과 다리 피부 유형에 맞는 제품을 선택할 수 있다. 7.3 발과 다리의 상태를 파악하고 목적에 맞는 매뉴얼 테크닉을 적용할 수 있다. 7.4 시간, 속도, 리듬, 밀착, 세기를 고려하여 발, 다리 매뉴얼 테크닉을 구사할 수 있다. 7.5 발부터 둔부까지 매뉴얼 테크닉을 적용할 수 있다.

능력단위 요소 (세부항목)	수행 준거 (세세항목)	
평가 내용	12110204–14v2.8 가슴 관리하기	8.1 고객의 가슴 피부를 파악하여 금기해야할 관리와 유두부위를 피할 수 있다. 8.2 가슴 피부 유형에 맞는 제품을 선택할 수 있다. 8.3 가슴의 형태를 파악하고 목적에 맞는 매뉴얼 테크닉을 적용할 수 있다. 8.4 시간, 속도, 리듬, 밀착, 세기를 고려하여 가슴 매뉴얼 테크닉을 구사할 수 있다.
	12110204–14v2.9 전신 팩·마스크하기	9.1 전신 피부 유형에 따른 팩과 마스크종류를 선택할 수 있다. 9.2 제품 성질에 맞게 팩과 마스크를 적용할 수 있다. 9.3 관리 후 팩과 마스크를 안전하게 제거할 수 있다.
	12110204–14v2.10 전신 관리 마무리하기	10.1 전신 관리가 끝난 후 토닉으로 피부정리를 할 수 있다. 10.2 고객의 전신 피부 유형에 따른 기초화장품류를 선택할 수 있다. 10.3 해당 부위에 맞는 제품을 선택 후 특성에 따라 적용할 수 있다. 10.4 피부손질이 끝난 후 전신을 가볍게 이완할 수 있다.
관련 지식	• 근육에 관한 지식 • 딥클렌징 제품과 미용 기기에 관한 지식 • 매뉴얼 테크닉에 관한 지식 • 미용 기기에 관한 지식 • 위생과 소독에 관한 지식 • 전신 피부 미용 관리에 관한 지식 • 전신 피부 유형에 관한 지식 • 최신기술에 관한 지식 • 팩과 마스크의 성질에 관한 지식 • 피부 관리에 관한 지식 • 피부의 구조와 생리에 관한 지식 • 화장품성분에 관한 지식 • 해부생리에 관한 지식	
평가 시설 · 장비	• 고압멸균기 • 고–주파기 • 스팀기 • 갈바닉 • 매뉴얼테크닉 기계 • 적외선 기계 • 확대램프 • 진공흡입기 • 자외선 소독기 • 초음파기	

○ 참고문헌

- 『피부관리실의 고객만족을 위한 성공가이드』, 권혜영, 성안당, 2009.
- 『피부디자이너로 거듭나기 미모천사 피부미용사 필기』, 권혜영 외 4인, 성안당, 2009.
- 『미모천사 피부미용사 실기』, 권혜영, 성안당, 2010.
- 『NCS를 기반으로 한 기초 에스테틱』, 권혜영 외 3인, 메디시언, 2015.
- 『New 피부과학』, 권혜영 외 4인, 메디시언, 2012.
- 『발 건강관리』, 권혜영 외 4인, 예림, 2010.
- 『최신 피부미용학』, 권혜영 외 4인, 훈민사, 2010.
- 『공중위생관리학』, 권혜영 외 10인, 메디시언, 2012.
- 『스킨트리트먼트 매뉴얼』, 하문선 외 2인, 청구문화사, 2011.
- 『새의학용어 사람해부학』, 정영태 외 9인, 청구문화사, 2009.
- 『기초실무 전신피부관리』, 홍승정 외 6인, 광문각, 2010.
- 『테라피스트 시선에서 설명한 바디 관리 이론과 실제』, 이송정, 성안당, 2013.
- 『기초바디 트리트먼트』, 강신옥 외 1인, 훈민사, 2014.
- 『바디관리 이론과 실제』, 이송정 외 1인, 성안당, 2013.
- 『기초페이스&바디트리트먼트』, 이애숙 외 5인, 메디시언, 2013.
- 『미용인을 위한 해부생리학』, 이한기 외, 수문사, 2010.
- 『미용인을 위한 해부생리학』, 김기영 외, 메디시언, 2012.
- 『미용인을 위한 인체 해부생리학』, 김기연 외 19인, 현문사, 2012.

○ 참고 사이트

- 국가직무능력표준 홈페이지 http://www.ncs.go.kr
- 큐넷 홈페이지 http://www.q-net.or.kr
- 약손명가 홈페이지 http://www.beautymade.com
- 약손명가 화장품 에오스보떼 홈페이지 http://eosbeaute.com
- 지구문화사 홈페이지 http://www.ji-gu.co.kr

이해하기 쉬운 NCS 기반

전신 피부 관리

2015. 9. 5. 초 판 1쇄 인쇄
2015. 9. 10. 초 판 1쇄 발행

지은이 | 권혜영 · 하문선
펴낸이 | 이종춘
펴낸곳 | BM 성안당

주소 | 121-838 서울시 마포구 양화로 127 첨단빌딩 5층(출판기획 R&D 센터)
      413-120 경기도 파주시 문발로 112(제작 및 물류)
전화 | 02) 3142-0036
      031) 950-6300
팩스 | 031) 955-0510
등록 | 1973.2.1 제13-12호
출판사 홈페이지 | www.cyber.co.kr
ISBN | 978-89-315-7884-3 (13500)
정가 | 18,000원

이 책을 만든 사람들
기획 | 최옥현
진행 · 편집 | 정지현
본문 디자인 | bookmoa
표지 디자인 | 박현정
일러스트 | 박소윤
홍보 | 전지혜
국제부 | 이선민, 조혜란, 신미성, 김필호
마케팅 | 구본철, 차정욱, 나진호, 이동후, 강호묵
제작 | 김유석